猫头鹰的咖啡馆

Olly talk about Coffee

佐拉 著

佐拉

U0274862

中信出版集团 · CHINA**CITIC**PRESS

序 欢 迎 来 到 猫 头 鹰 的 咖 啡 馆 。

　　这里没有严肃的咖啡哲学，没有冠冕堂皇的咖啡道理，这里有一些有趣、有料还好笑的咖啡故事，以及我个人对于咖啡的一些微不足道的见解。一些关于咖啡的学术理论，我也并没有严格地考证过，因为我既不是精通拉花的咖啡师，也不是一天能喝上N杯浓缩咖啡的咖啡狂人，更不是熟读咖啡宝典充分掌握咖啡理论的咖啡达人。我的职业是自由插画师，而我想做的就是通过画笔让更多的咖啡小白以一种轻松的方式喜欢上咖啡，懂咖啡，而这就是我"开"这间"咖啡馆"的真正目的。

　　或许跟大家一样，我最早接触咖啡也是从某些品牌的速溶咖啡开始的，背书之前来一杯"三合一"自以为能够提神。后来星巴克的进入，给了我和同学、同事、伴侣一个不错的社交场所。再后来成了自由职业者，以漫画家、自由插画师的身份生活，发现下楼买一杯星巴克还是挺难的，于是就开始自己动手冲咖啡。接着就迷上了单品咖啡以及一些丁零当啷的咖啡器具，手冲壶、法压壶、摩卡壶、虹吸壶统统买来，时不时还邀请好友来家里喝咖啡，并炫耀着自己有多懂咖啡。

　　渐渐地，咖啡开始深度地融入我的生活，我发现我已经离不开它了，它似乎有种魔力，时刻牵引着我。大家都知道，设计从业者的工作耗时且繁重，从一个创意点的出现，然后通过画笔和软件的表现，再到最后的作品以及产品的成形，每一个阶段似乎都需要咖啡因的刺激才能够实现。于是随着工作量的加大，我的咖啡"毒瘾"也在加重。

终于有一天，在一个阳光慵懒的午后，在喝了一杯自己手冲的埃塞俄比亚耶加雪菲后，我心里想着："既然你会画画，你又爱咖啡，为什么不画一本有趣的咖啡书呢？让更多的人喜欢上咖啡不是一件很酷的事儿吗？"是呀，让更多的人喜欢咖啡是一件很酷的事！于是，才有了写这本书的契机，也算是我创作这本咖啡书的一个初衷吧。

　　如果你喜欢喝咖啡，对咖啡感兴趣，不妨走进这间"猫头鹰的咖啡馆"，听猫头鹰 Olly 将咖啡的前世今生娓娓道来。

佐　拉

CONTENTS

目 录

CONTENTS

Chapter THREE

咖啡朋友圈

咖啡豆产地之间的联系，以及各产地的明星咖啡豆

Chapter FOUR

不只是咖啡

咖啡冷知识和有趣的咖啡问答

CONTENTS

Chapter FIVE

Olly 的咖啡帖

Olly 教大家用各国有特色的咖啡器具冲煮咖啡

Postscript 后记

咖啡这东西，

就得喝杯咖啡慢慢聊。

"我不在家，就在咖啡馆，不在咖啡馆，就是在去咖啡馆的路上。"

　　有人说，这句话是巴尔扎克所说，也有人说，这句话是一位维也纳艺术家写给女友的一张便条；但无论如何，不难看出咖啡馆在西方人心目中的位置。

　　如今，咖啡文化已经席卷整个世界，咖啡也成为一些人生活中不可或缺的一部分。咖啡馆文化慢慢成为一种生活态度和品位的象征，有的人在咖啡馆边喝咖啡边欣赏身旁走过的摩登女郎，有的人在咖啡馆和客户讨论重要的商务事宜，有的人在咖啡馆和朋友聚在一起聊聊生活中的家长里短，还有的人就喜欢在咖啡馆点一杯咖啡然后静静地发呆。

"你是在喘气吗？要不要先停机，你先歇一会儿？"
（呃……让我们等一等腿短的人吧，呃……应该是鸟！）

那关于咖啡，我们该从何说起呢？

咖啡，从一颗果实开始。

　　从前，在遥远的埃塞俄比亚，猫头鹰还是和考拉一样的物种，每天早上一起床，就有一股睡午觉的冲动，非常懒。

　　直到有一天……

猫头鹰偷食了禁果。

从此,它们就变成了夜以继日的守夜者……

"哈哈哈哈……"

哎，真是受不"鸟"！

Chapter ONE

Coffee

咖啡的
前世今生

Story of Coffee

OWL ☻ CAFÉ

★ Keep Calm and Drink Coffee ★

PART ONE

咖啡的由来

咖啡的故事，从小羊跳舞开始。真实的故事是这样的……

在公元 6 世纪的古阿比西尼亚（Abyssinia，现在的埃塞俄比亚）。

一只山羊在吃了树上的红色果实后，就带领着羊群跳起了 Waka!Waka!

羊群的主人都惊呆了，一个叫卡迪尔（Kaldi）的牧羊人，顿时觉得都不能和小羊们一起好好玩耍了。

于是他决定找出这让他疑惑的原因，他似乎发现了小羊们是吃了树上和灌木丛中所结的果子才变得异常兴奋的。

于是，他决定自己试一试……结果……

Waka!Waka!
他也陷入了这让人疯狂的舞步……

很快，卡迪尔将这个消息告诉了附近修道院的修女们，修女们听了之后很是吃惊，觉得外表这么普通的红色果子真的能让人的身心变得尤为畅快，精力充沛吗？

于是，她们也决定试一试！

结果就……

"Waka~Waka"配"哈里路亚"。

此后，修女们就疯狂地爱上了这颗魔力果，腰也不酸了，腿也不疼了，诵经也有劲了，在修行时总能够一扫疲倦，并且能够更加尽心尽力地修行。

这就是传说中，人们发现的第一棵咖啡树和第一颗咖啡果实的故事。

咖啡密码

　　有关咖啡最早的记载，可追溯到公元900年，由一位叫作拉齐（Rhazes）的波斯（现在的伊朗）医师所撰写，在他的文献中记录了一种药品，将咖啡树的种子熬煮成汁，病人喝下后有改善胃部不适、提神利尿的显著效果，这种药品叫作"bunchum"，而它后来被视为咖啡的原型。

　　从文献中可以得知，咖啡在当时还不能被称为饮品，而多是被当成药物来看待。当然，当时也没有咖啡豆烘焙之类的，更多的是连咖啡果实一起煮，最后获得咖啡汁。到后来，咖啡已不再是药品，而成为了人们生活中的一种饮品。差不多从13世纪中叶开始，到15、16世纪，咖啡慢慢从埃塞俄比亚传到阿拉伯地区，并成为一种商品。最早体验到咖啡豆烘焙工艺、闻到那无与伦比咖啡香的人，也正是那个时期的伊斯兰教徒。

★　相传在这里，出现了最早的咖啡馆原型，即"街道咖啡馆"。

北美
Northern America

Caribbean Sea
加勒比海
马提尼克
Martinique

拉丁美洲
Latin America

"Coffee World Map"

到了 16 世纪，咖啡已经从阿拉伯地区传到世界各地。

不论是从奥斯曼帝国首都君士坦丁堡（现在的伊斯坦布尔）出现欧洲第一家咖啡馆，到咖啡文化开始向欧洲蔓延，还是从荷兰咖啡市场的独占鳌头，到各个欧洲列强的奋起直追，或是从拉美殖民地宣布独立，到咖啡产业成为拉美独立后的主要经济支柱，这都说明咖啡以及咖啡的种植已经逐渐扩散到世界各地。而咖啡这种饮品，也逐渐被世界人民所熟知。

从此这杯神奇的饮品——咖啡，将世界人民联系在了一起。

PART TWO

一颗神奇的豆子

是什么让全世界人都为之疯狂，

是什么让全世界人都充满力量？

它就是这颗神奇的豆子——咖啡豆。

　　这颗给非洲及拉美人民带来无限生机的果实在这一方水土中蕴育，后又养育了属于这一方水土的一方人，这里的人们都视它为宝，视它为神。到底是什么，让老天赐予了它如此强大的力量呢？

　　说到这儿，我们得先从一颗果实谈起。

首先,让我们先了解一下咖啡果。

相信好多人都不知道,他们每天喝的现磨咖啡都是从一颗红色的果实里提取出来的。

它还有一个好听的名字叫咖啡樱桃(Coffee Cherry),这是因为随着果实的成熟,其颜色会慢慢从绿色变成黄色,后再变成樱桃般的红色。

好多人以为一颗咖啡果里就有一颗咖啡豆,其实不然,一般一颗咖啡果里含有两颗咖啡豆。剥掉咖啡果的果肉、果胶、内果皮后,你会发现有一对相对生长的咖啡豆,所以咖啡豆会有一面是平的,而这种有一面是平面的咖啡豆,我们叫它"平豆"。

还有一些咖啡果由于某些自然环境因素,里面只长出一颗咖啡豆,且个头比平豆还要大,体形比平豆要圆。我们管这种圆形的咖啡豆叫作"圆豆"。

什么是"精制"？收获来的咖啡果，通常要经过剥掉果肉，去掉果皮，取出种子这样一个过程，这个过程叫作精制。精制的方式大概有 4 种，这也左右着豆子的品质。

第一种: 干燥式精制

干燥式精制（natural）是所有精制方式中最传统的一种，可以称之为"阳光大晒场"。将收获来的咖啡果实放在日光下自然干燥，并同时将果肉和内果皮剥除脱壳。由于干燥的过程需要极大的空间和时间，还必须经过复杂的工序才能制成独具风味的咖啡，因此其中时常混有尚未成熟的豆子和杂质，所以要经过严格手工分拣来分出等级。这感觉就像一所学校的全体学生在做课间操，难免有几个在里面充数的，结果被点出来单练，前面的领操员还要喊："阳光大晒场，晒足 180 天，就在这儿晒!"

第二种: 日晒式精制

日晒式精制（pulped natural），就是将咖啡果实倒进果肉去皮机里，剥掉果肉之后保留着黏膜，不剥掉果壳内层薄膜的原豆状态，放在日光下晒干，像是给豆子们来了个日光SPA。这种方法起源于巴西，与干燥式精制相比，比较不容易混入未成熟的豆子，可以制造出带有甜味的咖啡。

第三种: 水洗式精制

水洗式精制(washed)，就是将咖啡果浸泡在水中，把未成熟的豆子、杂质和碎石，以及沙砾加以过滤，再使用机器剥除果肉，去除果实内部的黏膜，放入水槽中等待发酵，经水洗的工序后再放在日光下或干燥机中阴干。这就像是给豆豆们泡澡，泡着泡着顽固的污渍和死皮就都不见了……

水洗式精制，是最常用的一种精制方法，能够酿出纯净的咖啡香。但是，水洗式精制也仅在水资源丰富的地区采用，像一些非洲缺水国家，不太适合这种精制方法。

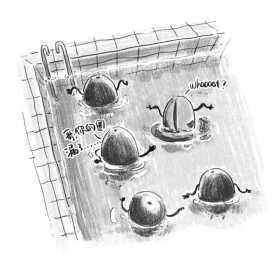

第四种: 半水洗式精制

半水洗式精制(semi washed)，是用果肉去除机将果肉和附在内果壳上的黏膜剥掉，再进行干燥的精制方法。由于省略掉发酵的时间，精制起来效率较高，这感觉就像考试进考场，参考资料和小抄全部不许带！与水洗精制相比，半水洗精制不需要太多的水，不会因为排水量过大而造成环境问题，而香气却和水洗精制相近，所以现在许多产地都改用这种方式，特别是一些非洲缺水国家。

分 拣

咖啡果进行精制后，接下来就到了分拣阶段。

在分拣之前，我们先来了解一下什么是生豆？

当我们把收获来的咖啡果实经过任何一种方式的精制后，所获得的咖啡原豆，我们管它叫生豆。

而分拣就是要把这些生豆中外观不佳或是有瑕疵的豆子先挑出后，再根据生豆的大小、外形以及相对密度分出等级，有些地方甚至会把平豆和圆豆分出来（例如夏威夷的科纳豆，圆豆会被单独挑出来作为特级品），再将它们分装在密封的袋子里，出口到咖啡消费国。

《豆豆的命运》

第一场
主演：圆豆　平豆

哎！这就是豆豆们的命运呐……

◆ 杯 测 ◆

在咖啡生豆被送往世界各地之前，会由当地的咖啡农协会或精制工厂进行杯测 (cupping)，也就是先试饮一下，确认其咖啡豆的香气及味道没有任何问题，并再次加以分类，最后向世界各地的订货商出货。

杯测的目的一是通过科学的方法来鉴定咖啡的品质；二是对于生产地相同但烘焙方式不同的咖啡豆，可通过这种方法判断何种烘焙方式和烘焙等级最好；三是对于不同产地但烘焙方式和等级一样的咖啡豆，判断哪一个产地的豆子最好。

杯测需要准备的有：
1. 用于测试的 4~5 种生豆与熟豆。
2. 磨豆机、碟子、玻璃杯、汤匙、空碗、秤、电热壶、水。
3. 杯测表（每人一份），杯测师。

杯测步骤：

（一）先将装有4种生豆和熟豆的碟子摆在桌面上（生豆和熟豆各选4种），每种生豆与熟豆的碟子旁配有玻璃杯、汤匙及空碗。

（二）然后分别拿起装有生豆与熟豆的碟子，闻其味道判断其风味，生豆是否发霉，熟豆的香味如何，并在杯测表中记录每种豆子的各自风味。

（三）将不同种类的咖啡豆研磨后，分别放入8~10克的咖啡粉在玻璃杯中，接着将每一杯倒入92摄氏度左右的热水120~150毫升，稍等片刻，待咖啡粉沉淀后观察其溶解度。

（四）轻轻地用汤匙在厚厚的咖啡表面上搅拌，并将鼻子凑过去闻其味道，随后在杯测表中记录风味。

（五）用汤匙撇掉浮在咖啡表面的咖啡沫，然后舀一勺咖啡放在嘴里，这里特别注意的是，要将咖啡吮饮进嘴里，也就是"嗖"的一声吸进去，然后千万不要咽肚子里，而是将咖啡液用舌头顶到门牙处，来判断其味道，随后让咖啡液在口中萦绕一圈，再咀嚼一下它的味道，最后将含在口中的咖啡液吐到一旁的空碗中。

（六）在杯测表中记录咖啡豆在每一个阶段的表现及风味，完成杯测。

记住！
千万别咽!!!

咕噜~

下面则是杯测表所体现的主要内容，以及一款咖啡的风味和口感：

1. 香气 (fragrance)：咖啡豆的香气。

2. 香味 (aroma)：冲泡后的咖啡气味。

3. 醇厚度 (body)：咖啡液在口内的质感。

4. 风味 (flavor)：咖啡进入口腔时的味道。

5. 酸度 (acidity)：咖啡的酸味是否明亮、活泼、尖锐、沉闷。

6. 甜度 (sweetness)：咖啡液在口腔内转动时留下的甜味强度。

7. 后味 (aftertaste)：在口腔内品尝咖啡液并吐出后留下的风味和气味。

　　而专业的咖啡机构 SCAA（美国精品咖啡协会）的杯测表更为细致一些，除了上面提到的以外，还要分别对"一致性"（uniformity）、"干净度"（clean cup）、"口感"（mouth feel）、"整体印象"（overall）、"污点"（taint）、"缺陷"（fault）等项评价打分。

　　所以说，杯测是用一种极为科学的方法来判断咖啡的风味和口感，以及鉴定一款咖啡品质的高低。

roasting

仅仅有了咖啡生豆是不够的，之后还要对生豆进行烘焙，才能成为一颗散发着无与伦比香气的咖啡豆！而烘焙方式和烘焙等级是整个咖啡制作流程中非常重要的一环。

不同的烘焙方式和等级，会展现出咖啡豆截然不同的风味！

即使是同样的生豆，通过不同的烘焙方式，最后呈现在味道或香气上的风格，也是截然不同的。

下面，我们就来介绍常规的 8 种烘焙等级吧。

轻度烘焙 light roast

酸

最轻度的烘焙
酸味较强
香味较弱
咿没有咖啡的浓厚感
和苦味
不适合研磨饮用
一般用作试饮

轻度烘焙
light

外观上呈现肉桂色，
因此得名
酸味强烈
香味尚可
多为美式咖啡
采用的一种烘焙
程度

肉桂烘焙

咖啡豆呈现栗色
口感香醇
酸味可口
适合于单品咖啡
或混合咖啡.

中 度 英 焙 · medium roast

中度烘焙
medium

高度烘焙.
呈现深棕色
酸味和苦味
平衡于恰到好处
尽显本色.

高度烘焙
high

微深度烘焙
呈现深褐色
苦香味浓
酸味几乎消失
最受欢迎的
烘焙程度

城市烘焙
city

深度烘焙
呈现深巧克力色
无酸味, 以苦味为主
适用于调制
冰咖啡

深 度 英 焙 · deep roast

深城市烘焙
fullcity

法式深度烘焙
颜色偏黑.
表面泛出油脂
苦味较重
独特香味
多用于法式欧蕾
维也纳咖啡

"Bonjour~"

法式烘焙
French

最深的烘焙度
咖啡呈现黑色
油脂较多
苦味浓烈
香气强烈
多用于意式浓缩
咖啡系列

"Buon Giorno~"

苦

意式烘焙
Italian

033

以上就是最常见的 8 种烘焙等级，就像我们之前讲的，烘焙等级与咖啡的风味有着紧密联系，烘焙等级不一样，味道也会不一样。

因此，烘焙等级也是判断咖啡味道的一个标准。

这里还要说明一下，有人问，为什么他看到的法式烘焙豆有时候要比意式烘焙得还要深？

的确是这样的，在一些法国的咖啡馆用于制作法式欧蕾的咖啡豆确实要比意式烘得还要深，一方面是因为欧蕾咖啡需要注入大量牛奶，因此咖啡豆必然要烘得很深；二是由于这些年人们对意式浓缩咖啡口味的变化，以前人们喜欢用很深的意式烘焙的豆子制作浓缩咖啡，而现在人们更喜欢用烘焙较轻的意式烘焙等级的豆子来制作，所以它们有时看起来还没有法式烘焙得深，这一切都源于这些年人们对咖啡口味的变化。

★ 知道法国人和意大利人为啥互相看不上眼了吧！

　　最后, 我们把烘焙后的咖啡豆进行研磨, 然后将研磨后的咖啡粉通过各种萃取工具(如咖啡机、滤纸滴滤、法压壶、虹吸壶等)的冲煮, 随着时间的流动, 一杯属于你的咖啡就做好了!

　　★　　(在后面《Olly 的咖啡帖》一章里, Olly 会详细为大家介绍各式各样的咖啡器具, 并教大家如何用这些好玩的咖啡器具来冲煮一杯好咖啡。)

PART THREE

豆子的家族之争

首先，我们先来介绍一下咖啡豆的两大家族——阿拉比卡（Arabica）家族和卡内弗拉（Canephora）家族。卡内弗拉，一般被人称为罗布斯塔（Robusta），其实罗布斯塔仅仅是卡内弗拉的一个分支，因为广为人知，所以就成了卡内弗拉的代名词。

相信大家已经看出来它们的出身了，如果说阿拉比卡豆是出身贵族，那卡内弗拉就是乡下来的。为什么这么说呢？

为什么把阿拉比卡豆比作贵族呢？因为这种豆都比较娇贵，跟贵族一样，家住在海拔 600~2200 米之间的高山上，对土壤和光照的要求极高，土壤不肥沃的地方，人家才不去，日照时间不够长，人家才不生长。另外，它们的生长周期也很慢，要将近 5 年才有收成，就像上了个本硕连读。再有它们抗病虫能力差，时时刻刻需要"管家"细致入微的照看，非常娇贵。

P.K

Arabica
阿拉比卡

Canephora
卡内弗拉

而卡内弗拉豆就相对平民多了，像是个打工仔。当阿拉比卡豆受到严重病害的时候，卡内弗拉还依然坚持在"工作"的最前线。它们家住在海拔 800 米以下，对病虫害抵御能力很强，对环境要求也不高，不需要那么多人的精心照顾。可就是"学历"不大好，下种后大概两年就能有收成了，像读了个大专中途还退学了。

虽然阿拉比卡比较娇贵，不好伺候，可它的味道却是相当不错的，多数的精品咖啡也均为阿拉比卡。相反，卡内弗拉则相对好照顾些，但口感却略显一般，味道的差别也不是很大，而且多被用于制作速溶咖啡。

所以说，这品质高不高，还是和"学历"有一定关系的，看得出来"学霸"和"学渣"的区别了吧！

✦咖啡 DNA✦

下面我们通过这两张图来深入了解一下阿拉比卡豆和卡内弗拉豆的成分，以及它们其中的差别。

阿拉比卡

阿拉比卡，咖啡豆中的"高富帅"，身材姣好，豆形较长，呈长椭圆形。咖啡因含量较低，脂肪却比卡内弗拉豆高，含糖（蔗糖）量比卡内弗拉豆高，口感丰富而醇厚，香气扑鼻且多层次。

卡内弗拉

卡内弗拉，外形圆润，身材短小，呈扁椭圆形，"矮矬穷"代表。咖啡因含量约为阿拉比卡豆的 2 倍，脂肪却比阿拉比卡豆低，含糖（蔗糖）量也比阿拉比卡豆低，口味略苦，有淡淡麦香。

咖啡带

上面是阿拉比卡种和卡内弗拉种成长和生活的地方,它们大多都住在气候温和的地区,主要分布在以赤道为中心的南纬25度与北纬25度之间,而这个区域又被称为"咖啡带"。

可即便是在咖啡带里,阿拉比卡与卡内弗拉也不会住在一起,而是住在适合自己生活的环境里。

阿拉比卡

卡内弗拉

A 主要为阿拉比卡,也含卡内弗拉
C 主要为卡内弗拉,也含阿拉比卡

  阿拉比卡就像是住在城市的高楼里,因为它们多数都被栽种到海拔600~2200 米的高地,每天享受着阳光带来的温暖。如果远离赤道,又在高地的话,温度就会很低,阿拉比卡根本存活不了,所以它们就被栽种到远离赤道的低地,且环境优越,就像住进了别墅一般。

  卡内弗拉则像是住在乡下的院子里,因为它们普遍被栽种到低地,对环境要求低,且容易培育,对土壤的要求也较低,什么样的土地都可以培育成功,仿佛就像是在乡下,种什么长什么。

可不管是阿拉比卡豆的"出身高贵"，还是卡内弗拉豆的"平凡简单"，到最后，它们还是会被一同磨成粉，成为人们桌上的美味饮品。所以，"本是同根生，相煎何太急"啊。

行有行规，家有家规，既然是家族，那必然得有家谱，下面我们来看看它们各自的家谱：

阿拉比卡
阿拉比卡家族实力比较雄厚，人数比较多，朋友们要记清楚哦！

第比卡（Typica），从照片中就能得知其在家族中的地位了，可谓阿拉比卡家族的鼻祖，是阿拉比卡的原生品种，十分清新并带有花香，柑橘系的轻淡酸味和柔和的香味是其特征所在。

波旁（Bourbon），也算是阿拉比卡的原生品种之一，只不过是第比卡的突变种，如果把波旁和第比卡比作双胞胎兄弟的话，那第比卡就是哥哥，波旁就是弟弟。波旁带有浓重的香气和层次丰富的酸味。

瑰夏（Geisha），家族中的才子，产量很低，是非常贵重的品种。以强烈的香气和清爽的酸味为特征，充满个性的滋味受到许多人的注目。

卡杜拉（Caturra），卡杜拉小朋友是波旁的弟弟，身材矮小，是矮小种中具代表性的波旁突变种。产于海拔较高之地，带有轻淡的酸味和浓度。

蒙多诺沃（Mundo Novo），是波旁和曼特宁的孩子，是波旁种和曼特宁种的杂交品种。对环境的适应能力强，味道的平衡感也很出众。

帕卡马拉（Pacamara），阿拉比卡家族的远房亲戚，是萨尔瓦多地区开发的大颗粒品种，带有清爽的酸味，产量相当稀少，因此广受瞩目。

由于阿拉比卡家族实力太过于雄厚，还有好多突变种和旁系品种，在这里就不一一列举了。

卡内弗拉

卡内弗拉家族就相对好介绍多了，大概为人熟知的就只有这两个，也可以称之为"卡内弗拉兄弟"，还真是一对天真的小二货啊。

罗布斯塔（Robusta），卡内弗拉家族代表，也被人视为卡内弗拉家的独子，起源于维多利亚湖周边的肯尼亚、坦桑尼亚、乌干达等地，现被广泛地种植在东南亚地区，有独特的大麦茶香和比较重的苦味。身体健壮，具有很强的抗病性。

科尼伦（Conillon），其实好多人都不知道罗布斯塔还有个弟弟，就是科尼伦，因此并不被大家所熟知。科尼伦来自维多利亚湖西边，巴西将该地称为科尼伦。同样具有淡淡的茶香和苦味。

豆豆王国

从生产量来看，巴西是第一咖啡生产大国，占全球生产量的30%以上，第二名是越南，是全世界速溶咖啡生产大国，主要种植罗布斯塔种，第三名是哥伦比亚，第四名是印度尼西亚，第五名是墨西哥，第六名是印度，第七名是埃塞俄比亚，第八名是秘鲁，第九名是危地马拉，第十名是洪都拉斯。

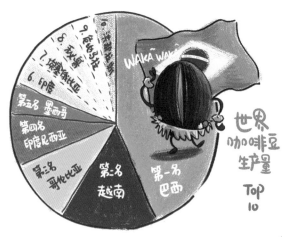

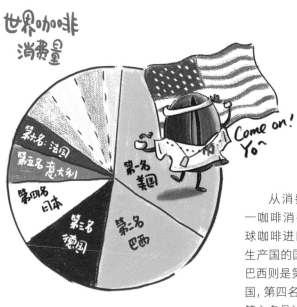

从消费量上来看，美国则是第一咖啡消费大国，同时美国也是全球咖啡进口量最大的国家。如果把生产国的国内消费量加在一起的话，巴西则是第二大消费国，第三名是德国，第四名是日本，第五名是意大利，第六名是法国……

Chapter TWO
Coffee

周游
咖啡列国

Story of Coffee

OWL CAFÉ

★ Keep Calm and Drink Coffee ★

美国：咖啡要喝得自由

"Welcome to America.

Do you wanna a Americano ? "

"Welcome to America. Do you wanna a Americano？"（欢迎来美国，要来杯美式咖啡吗？）

从这句话就能够看得出来，在美国，咖啡意味着什么。美国人在做什么事儿之前都要先来一杯咖啡，可见他们对咖啡的热爱。

在美国，人们喝咖啡是无时无刻地喝，是无处不在地喝！上午喝，下午喝，晚上还喝；上班喝，下班喝，开会也喝；逛街喝，遛狗喝，约会当然要喝；工人喝，老师喝，警察也在喝；牧师喝，修女喝，自由女神……呵呵，喝！

据说第一次载人类登上月球的阿波罗十三号宇宙飞船，在归航途中曾发生致命故障，当时地面人员安慰三位航天员的一句话就是：加油！香喷喷的热咖啡正等着你们归来。

所以不可否认，美国人是这个世界上最爱喝咖啡的族群，几乎一天24小时都离不开咖啡，这个国家每天有4亿杯咖啡被"干掉"，就这样他们喝掉了世界咖啡生产量的1/3，是全球咖啡消耗量最大的国家。而咖啡年贸易额有300亿美元，仅次于汽油。

美国人虽然爱喝咖啡，但是对咖啡的口感好像不那么讲究，像一场没有规则的游戏，百无禁忌。像欧洲人那样冲调咖啡时的种种讲究，美国人是不以为然的，他们既要喝得自由，又要喝得畅爽，感觉有点儿像在喝啤酒的糙老爷们儿。

但也不能都怪美国人，一般而言，美国人还是很忙的，所以哪有像欧洲人那样悠闲地享用一杯咖啡的工夫啊！所以，美国人经常就是一台滴滤式咖啡机（Drip Coffee Maker），从早滴到晚。由于水加得多，所以咖啡的味道特别淡，滤壶就一直放在保温台上，直到咖啡脱水，极大地影响到咖啡的口感。

而且美国人由于过分强调便利性，极力推崇售卖研磨后的咖啡粉，殊不知无论罐装还是真空包装密封性有多好，咖啡粉的新鲜程度都会大打折扣。

这也使得美国人对咖啡的包装进行了一系列的革新，如金属罐、抽真空、透气阀门等的出现，也在一定程度上使得咖啡豆保持新鲜度的时间得以延长，但对于咖啡粉来说，还是于事无补，只要是经过研磨过的咖啡豆，无论采用什么样式的包装，新鲜程度都会大大下降。

◆ 美国没有美式咖啡 ◆

美国没有美式咖啡，维也纳也没有维也纳咖啡。

没错，其实"Americano"并不是真正意义上的"美式咖啡"，而是意大利人用浓缩咖啡为基底的方式，加入热水稀释，从而做成一种轻淡口感的咖啡，意大利人管它叫作美式咖啡，其实也在暗示美国人喝咖啡的不讲究。

真正的美式咖啡，其实就是最传统的滴滤咖啡，就像美国家庭里用的那种电热过滤壶里的咖啡，而美国人也很简单地把这个叫作"Coffee"。这样你就能够理解为什么维也纳也没有维也纳咖啡了。在维也纳，那种在咖啡表面布满鲜奶油的咖啡叫作奶油咖啡（Einspaenner），而在纯咖啡上放上奶泡的叫作米朗琪（Melange）。

◆ 咖 啡 时 间 ◆

咖啡时间（coffee time），是美国公司的传统，也是公司为员工提供的福利，让员工在忙碌的工作中有一个喘息的时间和一个休息的空间。美国公司内通常会设有一个茶水间，这里为员工提供咖啡机，员工们可以在尽享一杯咖啡后，再怀着更加饱满的热情投入到紧张的工作当中。咖啡时间后，桌子上往往会留下一圈杯子的印迹，很有意思。

据说，在美国南北战争正打得激烈时，有一位来自俄亥俄州的 19 岁男孩，提着一桶热咖啡，为前线士兵加满锡壶，并带来一些烤出来的小饼，使得士兵们精神为之一振。

那是 1862 年 9 月 9 日，算得上是美国第一个值得纪念的咖啡时间。

"CIVIL WAR" Truth

这或许就是美国最早的咖啡时间了。
（不好意思啊，戏演得有点过了！）

就这样，美国保留了这个传统，并把它引入到企业文化中。事实证明，咖啡时间的确能够大大提高员工的工作效率，这使得一些大的知名公司甚至把一些咖啡品牌也引入到企业内部。

比如，你在美国，住在西雅图，又恰巧在微软总部工作，那你就有喝都喝不完的星巴克了，因为本身星巴克总部就在西雅图，所以，星巴克入驻微软，想想都理所当然。

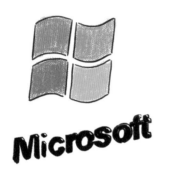

再如，你在美国，住在旧金山，又恰巧在谷歌总部工作，那你就有口福喝到南美咖啡之神胡安·巴尔德斯（Juan Valdaz）了。

　　美国什么最多，极客最多。什么是极客？简单解释，就是技术控，崇尚科技的技术控。

　　而把美国人比作咖啡极客，一点儿也不为过。之前提到美国人为了保证咖啡豆的新鲜质量发明了各种真空袋子和金属罐子，这还不算完，他们又在咖啡萃取工具上做文章了，而这一做就是要掀起一波咖啡萃取的革命啊……

　　那么他们究竟发明了什么呢？就是这个东西——爱乐压（Aero Press）。

　　有人肯定会问这是什么，没错，Olly 刚开始看到这个家伙的时候也有点儿不知所措，知道我第一眼以为看到什么了吗？

　　感觉这家伙能上天，能入地，怎么看都有一种宇宙飞船的感觉，Olly 一心觉得发明它的人肯定是美国航天局 NASA 的"粉丝"，不然怎么能设计成这样，简直是要去登月呀！

　　发明爱乐压的这个人叫艾伦·阿德勒（Alan Adler），是美国斯坦福大学机械工程讲师。他将爱乐压设计成结构类似于注射器的造型，然后通过"针筒"原理，放入研磨后的咖啡粉使其和热水充分接触，接着压下推杆，咖啡就会透过滤纸流入容器内。它结合了法式滤压壶的浸泡式萃取法和滤泡式（手冲）咖啡的滤纸过滤，以及意式咖啡的快速加压萃取原理。爱乐压冲煮出来的咖啡，兼具意式咖啡的浓郁、滤泡咖啡的纯净及法压壶的顺口。

　　说到这就要说到美国五花八门的营销方式了。说美国是世界上最会卖东西的国家一点都不为过，因为在这里你能看到各种各样、千奇百怪的推销方法，比基尼洗车、圣诞老人卖房、超级英雄送快递等都不在话下。在美国，这儿的东西并不一定是最好的，但一定是吆喝得最起劲的！

　　所以，当你开车去华盛顿州西雅图地区，路过一些咖啡小店想要买杯咖啡的时候可要把持住啊！这些超凡脱俗的女子就是"咖啡西施"了。

　　在星巴克大本营所在地西雅图，咖啡业竞争极为激烈，近年来一些小咖啡店为了争取生意相继推出"咖啡西施"。

　　这些独立棚摊通常设在路旁或停车场，窗口经常排着长串小货车。当你拉开车窗的那一刻不要被吓到啊，然后记得给小费啊！

所以，在西雅图的郊区，经常会出现这种情况，如果小小的咖啡屋前排起了长队，你就知道，"咖啡西施"来了。

　　可终于有一天，美国大妈们实在是坐不住了，她们很纳闷为什么自己家老爷们儿最近老喜欢去外面喝咖啡，而且他们一去就是一上午。当主妇们发现这种情况后，终于忍无可忍，把"咖啡西施"告上了法庭。

　　结局可想而知，西施哪里干得过主妇啊！

　　特别是绝望的主妇，谁都惹不起！

✦ 星巴克 ✦

STARBUCKS

　　说到美国，就不得不提这个被全世界瞩目的咖啡牌子，咖啡界的领头羊——星巴克（Starbucks）。

　　俗话说："我不在星巴克，就是在去星巴克的路上。"人们之所以把原句"我不在家，就在咖啡馆，不在咖啡馆，就是在去咖啡馆的路上"中的"咖啡馆"改成"星巴克"，就是因为星巴克现在已经渐渐成为咖啡馆的代名词。而现在，星巴克也不光代表着咖啡，更是代表着一种现象和一种生活品位。

★
059
★

　　我的天呐! 这简直是"星巴大道"啊! 正所谓条条大路通罗马, 你拦都拦不住! 这下知道他们为啥都在路上了吧, 因为他们眼中只有星巴克。这也在一定程度上说明了星巴克在美国的店面之多。

　　以华盛顿州为例, 星巴克的店面覆盖率已经超过了麦当劳。

◆ 星巴克精神 ◆

刚刚说了，美国人不管干什么事儿，都要吃喝得起劲儿！这就是典型的美国精神，有的人也把这种精神称之为"星巴克精神"。

而"星巴克精神"给我们的感觉是：或许这并不是最好喝的咖啡，但一定是看上去最好喝的。美国人也把这种精神运用到其他领域里，而且都做得有模有样，这或许也是美国能成为世界上最具影响力国家的原因吧。

在美国，可以说人人都爱星巴克，如果你让他们评价一下星巴克咖啡，他们都会回答你："Fantastic coffee two words."这意思就是告诉你："两个字儿，好喝！"

而且，不光普通人爱，明星也爱，连总统都爱！不是有一句话说："好莱坞走一走，星巴克不离手。"还有说："好莱坞什么最抢手？明星、星巴克和狗。"

◆ "美人鱼"的进化史 ◆

相信很多人喜欢星巴克，不光是喜欢喝其咖啡，更是喜欢星巴克的标志(logo)，有相当一部分人是冲着这只"美人鱼"去的。俗话说"女大十八变"啊！现在看起来是那么有气质，可谁还没有个过去啊，以前这"姑娘"可不是长这样的……

上世纪她是这个样子的(图1)。

呃……是不是有一种 R 级色情恐怖片的感觉！据说这个图案取自 15 世纪的一个希腊神话里面的人物(图2)，一个叫塞壬(Siren)半人半鸟的女海妖，惯以美妙的歌声引诱水手，使他们的船只或触礁或驶入危险水域。怎么样？是不是听起来更吓人了！

图1

Twin-tailed siren (15th century).

图2

原版的木刻图案，咋一看有点儿像扑克牌里的 Q 啊（图 3）！

图 3

后来，星巴克觉得这个图案太露骨，怕影响不好，于是就用头发遮挡住了胸脯。从这一点可以看出，美国人看起来很开放，但骨子却还是很保守的。接着又把"COFFEE·TEA·SPICES"（咖啡·茶·香料）的标语，改成了"FRESH ROASTED COFFEE"（新鲜烘焙咖啡）（图 4），这也表示星巴克将重心放到了咖啡上。但从标志本身看上去，差别不大。

图 4

后来这帮人终于有了觉悟，也是这"姑娘"实在是有点儿让人看不下去了，于是决定给她"整整容"！从而有了这个新版标志。看起来"整容"的效果很不错，经典的绿色也由此出现，同时把"·"的分隔符号改成了"★"，并只在表示上保留了"COFFEE"的字眼（图 5），这预示着星巴克一心要把咖啡做好的决心。

图 5

可一直劈着大腿、露着肚脐眼儿面对顾客，好像还是显得有点儿不雅。

于是，星巴克又决定改了……接下来，我们就看到了这个使用时间最长久的标志（图 6），他们让姑娘收起了大腿并比出了"YO~YO"的手势来招揽顾客，确实起到了很好的效果。

从此，星巴克这个品牌便在全世界打响了！

图 6

可是，星巴克又决定换标志了。

就在 2011 年，星巴克把标志的边框和文字都去掉（图 7），表明其不只专注于咖啡，还要开拓其他领域了。

图 7

2015 年，星巴克开始做啤酒和葡萄酒，而且北美很多家店都已经开始销售了。

大胆预测一下，下一版标志会不会是这样的呢（图 8）？（开玩笑啦！）

我就说嘛，美人鱼这"五魁首，六六六"的手势不是白摆的嘛！

从以上星巴克标志的演变过程来推断，我预测 2023 年，星巴克的标志将会变成这样的！

图 8

2023 年

2035 年，是这样的

2041 年，是这样的～

由此可以看出，星巴克从上世纪 70 年代到本世纪初，其标志的演变过程，其实就是一个"推焦"的过程！

　　不得不说星巴克真的很任性，在某些事情上有些特立独行。相信大家都知道星巴克的杯型和别人家的不一样，如果你是第一次去甚至都不知道怎么叫它们，它们的叫法也真的很有意思。

　　在星巴克，小杯叫"short"而不是"small"，中杯叫"tall"而不是"medium"，大杯叫"grande"而不是"large"，关键是还有一种杯子叫"venti"意思是超大杯，前两年美国更是开始提供部分冰饮的更大杯型，叫"trenta"。

　　你肯定会问，这些独特的星巴克用语到底有什么深刻的含义呢？

　　其实，还真没有什么特殊的含义，就是将意大利单词直译成英文用于标注杯子容量的名称。因为星巴克早期深受意大利咖啡馆文化影响，刚开始开店的时候什么都是用意大利语标注的，连菜单都是，后来由于顾客反应看不懂，所以就调整成英文，但杯子容量的这个名称还是沿用了之前的意大利单词。

　　说到这里还有一个趣事：一位外国客人来到星巴克问"toilet"（厕所），服务员则听成了"tall latte"（中杯拿铁）， 接着就问他"Ice or hot？"真的太逗了，幸好没问他"Which size？"

short　tall　grande　venti

相信大家去星巴克都有遇到被写错名字的尴尬，据"闲"人统计，在美国星巴克，名字被写错的概率是 54.3%，这说明平均每两个人就会有一个人的名字被写错！

所以，你跟它还较个什么劲呐……

❖ "小丑"大战"美人鱼" ❖

要说在美国，谁能够跟星巴克抗衡，也就数麦当劳了。有人会问："麦当劳不是做美式快餐的吗，跟咖啡有什么关系呢？"

这不前两年，不是前两年，应该是在 1993 年的时候，麦当劳首先在澳大利亚推出它的副品牌——麦咖啡 McCafe。它可以以独立咖啡店形式出现，也可以和麦当劳甜品站一样分立快餐店的两个角落之一，这是麦当劳试图为欧美顾客营造咖啡馆气氛的一种特殊业态。

2009 年，麦当劳开始正式进军咖啡市场，其斥巨资打造麦咖啡 McCafe 品牌，试图抢占星巴克的市场份额，咖啡大战一触即发。

麦当劳开始在电视、广播电台和报纸上推出一系列广告，力推它的咖啡新系列"McCafe"，这个系列的咖啡被包装成在经济衰退的当下，普通消费者也可以享受的平价咖啡，可以"点亮平凡的一天"，同时在广告中讽刺星巴克："4 美元是愚蠢的！"因为，同样容量的咖啡，麦当劳售价通常在 2.29~3.29 美元之间，而星巴克的摩卡咖啡中杯则为 3.1 美元，超大杯则卖 3.95 美元。

为了反击麦当劳的"平价咖啡"攻势，留住囊中羞涩的顾客，星巴克在《纽约时报》等各大报刊登广告，强调其咖啡品质。广告中说："如果您的咖啡不够完美，我们会重做一杯；如果您的咖啡还是不完美，请确定您走进的餐厅是星巴克。"

星巴克什么最多？
没错, 奇葩最多！

让我们先来细数一下星巴克的那些奇葩单品吧! 要说单品里边最奇葩, 被人吐槽最多的还得是南瓜拿铁! 怎么样? 听到这名字凌乱了吧! 当然只在美国这个神奇的国度才能喝得到, 它属于一款季节性的浓缩咖啡特饮。

当然还有豆奶拿铁, 就是把纯牛奶替换成豆奶, 然后再帮你拉花, 但我觉得豆奶拿铁的味道, 有时候还是挺让人牵挂的, 它算比较成功的奇葩!

黄油啤酒星冰乐你听说过吗? 乌龟星冰乐呢? 还有肉桂卷星冰乐? 是不是听了这些名字, 整个人都不好了呢?

其实, 我一直觉得左图杯上的这个口号更适合星巴克!

◆ 像咖啡一样的男人 ◆

一说到意大利，我们，尤其是女人，就会想到两件事儿：

一是男人，二是咖啡！

而在意大利，男人和咖啡其实没有区别，因为有一句意大利谚语是这么说的：

"男人就要像一杯好咖啡，既强劲又充满热情！"

可见在意大利，咖啡有着何等重要的地位。要说意大利最有名的，那当然是浓缩咖啡，意大利人起床后的第一件事儿就是喝杯浓缩咖啡，作为一天的开始。没有人统计过一个意大利人每天要喝多少咖啡，但是他们却是世界上公认的喝咖啡最多的个体。

✦ 可爱的意大利人 ✦

"打架这种事儿不适合我，就不能好好坐下来，吃吃饭，聊聊天，喝杯咖啡之类的吗？"

从这句话就能看出来意大利人的性格，什么政治、经济、社会发展的，人家根本不在乎，意大利人只对饮食和生活感兴趣，有咖啡和美食就够了。意大利人才没工夫去打仗呢，因为他们都把精力放在吃喝上了。

或许大家都知道意大利人在二战期间的奇葩表现吧，士兵们都自备摩卡壶上战场，带的红酒比枪多，通心粉比子弹多，只要一有间歇期，这帮人就坐不住了，必须"party on"（继续派对）啊，以至于意军经常被敌军俘虏，而且还是全军俘虏，然后还特高兴，因为听说被俘虏的集中营里每周有德国黑啤酒喝，还有德国烤肠。敌军众将领都惊呆了，这到底是一群什么奇葩呀！

作为全世界喝咖啡最频繁的一帮人，喝的节奏也和别人不同。

咖啡，要快喝！

之前说过，没有人统计过一个意大利人每天要喝多少杯咖啡，但意大利的咖啡馆却总是从早开到晚，而且全天都不会有冷清的时候。人们很喜欢在咖啡馆里喝浓缩咖啡，而 espresso，其实是一句意大利语，大概可以理解为"快速的"的意思，所以说这种咖啡做得快也喝得快，通常放在小杯子里，三两口就可以喝完。而意大利人通常要求在 25 秒内喝完一杯浓缩咖啡，因为在他们看来一杯咖啡的精华保质期只有 25 秒，过了 25 秒，精华就会挥发，所以要快喝。

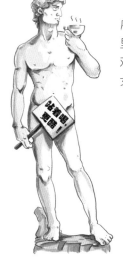

espresso time~

站着喝，像大卫一样！

来到意大利，你会发现这里的咖啡馆通常都没有座位，因为这里的人都习惯站着喝。站着喝咖啡是这里的传统，两三口闷完一杯浓缩咖啡后，人们就开始对着上世纪建筑艺术高谈阔论，或是向眼前路过的美女发出赞美之词。

所以……

该喝的时候喝，不该喝的时候不喝！

虽说意大利人这么能喝咖啡，但也不会瞎喝，乱喝的，他们什么时段该喝什么样的咖啡还是非常讲究的。例如，像拿铁和卡布奇诺这样的奶咖啡都会放到上午喝，或是当作早餐饮品。按照意大利人的习惯，下午到晚上不会饮用像拿铁或卡布奇诺这样的奶咖啡，但冰咖啡除外。 而意式浓缩则适合全天饮用。

就在这儿喝！

如果你是一位初到意大利的游客，不免会向侍者提出买一杯咖啡带走的要求，这在别的地方并不是什么特别难办的事情，但是在意大利，侍者是不会允许你这么做的，他们会摆出一张迷人的笑脸，然后劝说你留在咖啡馆里喝完再走。

所以，你就明白了意大利的好多咖啡馆为什么没有纸杯了。在他们眼里，用纸杯或是塑料杯之类的是对咖啡神灵的一种亵渎！

其实，在意大利的咖啡馆喝上一杯浓缩咖啡最多用不了 5 分钟时间，但是你能体会到的却是几个世纪的文化沉淀。

设想一下，你走进一间坐落在上世纪文化广场上的咖啡馆，一位英俊潇洒的待者热情地向你问候："Buongioron！"（早上好！）然后用那仿佛是与生俱来的拉花手法为你做了一杯卡布奇诺，接着你从杯中啜上一口带有奶沫和丝滑口感的醇厚咖啡，望着远方的大卫、广场和教堂，另一边还时不时地传来看似学者的两人在高谈论阔，他们聊古典文化、聊文学艺术并掺杂着意大利人特有的夸张肢体语言！天啊！仿佛这一刻，你回到了上个世纪！

是的,在意大利,你是很难看见星巴克的。这是个一直让人惊讶的问题。星巴克在全世界都开得好好的,唯独在意大利,星巴克遇到了尴尬。

星巴克当初就是以"美国版的意大利咖啡屋"发展起来的,老板霍华德·舒尔茨曾经是一个狂热的意式咖啡追捧者,他在意大利做了详细的考察后,回到美国西雅图开了一间叫"天天咖啡"的咖啡馆。这个咖啡馆可以看作是星巴克的前身,是一间纯碎的意式咖啡馆,连背景音乐都是意大利歌剧,并且效仿意大利咖啡馆不设座位,还像意大利人那样站着喝咖啡。可是好景不长,美国人不答应,后来经过调整以及收购合并了当时三位知识分子成立的星巴克咖啡【没错,其实星巴克是由三个没有 MBA 文凭的好兄弟成立的,他们是作家戈登·鲍克(Gordon Bowker)、历史老师泽夫·西格(Zev Siegl)和英语老师格里·鲍德温(Jerry Baldwin)】,这才有了现在风靡全球的星巴克咖啡。

可是,它在意大利过得并不好,或许是因为它没有那层历史文化的沉淀,又因为意大利人本身偏爱多样化,所以星巴克在意大利并不盛行,到底还是拼不过那些遍地开花的当地咖啡屋。

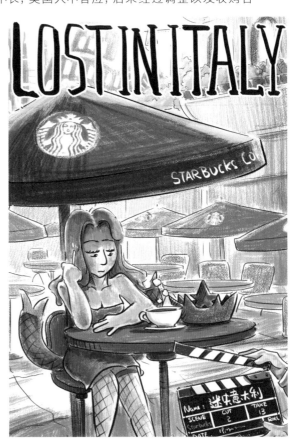

★ "迷失意大利"

讲到星巴克在意大利的遭遇，其实是和这个意大利国宝级品牌有关，它就是享誉世界的意利咖啡（illy caffè）。

可以这么说，意大利的咖啡馆多半用的都是意利品牌的咖啡豆，你会在各式各样的咖啡馆门口看见意利这个红招牌，在那里人们都拿着"大耳朵"杯饮用咖啡，这是一个沉淀了近一个世纪的品牌，一个几乎近一个世纪都只生产一种配方风味的咖啡品牌。

它是由意利之父弗朗西斯科·意利（Francesco Illy）于 1933 年创办的。在意大利东北部的一个港口城

★　Francesco Illy

市的里雅斯特（Trieste），意利创办了这个咖啡与可可公司"意利咖啡"，接着又发明了 illetta 咖啡机（被誉为浓缩咖啡机的前身），并带着意利这个品牌走出了意大利，把它带到西欧、北欧乃至全世界。

到现在，通过家族三代人的努力，意利咖啡这个品牌每年生产 15000 吨以上的优质咖啡豆，居于咖啡界高品质的领航者地位。

有人这样形容意利咖啡："入口的一刹那，我尝到了它的浓郁和香醇，细细感受它深沉以及平稳的后味，享受它所赋予的特有的乐趣。"

★ "Illy, on the road！" 1942

为什么人们会给意利咖啡如此之高的评价呢？

意利的每一颗豆子都选用 100% 上等的阿拉比卡咖啡豆。除了这种严苛的选豆标准之外，还有一个非常重要的原因，那就是其只生产一种配方口味的产品，意利公司有一句标语："One Blend, one Brand."（同一个品牌，同一种配方。）

除了意利咖啡以外，全世界再也找不到另外一家咖啡公司只生产单一配方口味的产品。从 70 多年前开始直到今日都没有改变，而且还会一直坚持下去。

另外，所有意利的咖啡产品，咖啡因含量均低于 1.5%，其低因咖啡产品，咖啡因含量低于 0.05%。这也解释了意大利人一天喝那么多杯咖啡，为什么不会"醉"。

意利不光咖啡做得不错，包装和设计也相当有趣，特别是这个红盖子小罐，我们更是亲切地称其"小红帽"。可意利肯定不知道，在中国把绿色戴在头上代表着什么，否则也不会出现这个"绿帽子"包装的低因咖啡了。

◆ 意大利神器 ◆

意大利还有一个咖啡神器叫摩卡壶，可以说是每个意大利家庭的家常必备，因为意大利人早餐的咖啡都是用它来煮的，早上一杯浓缩咖啡开启了一天的生活。它的造型也十分有趣，远处看就像个灯塔伫立在那里，高大而又宁静，远远地冒着青烟，外形复古又具有情调，真的是让人爱不释手。摩卡咖啡壶是一种制作意式浓缩咖啡的简易工具，基本原理是利用加压的热水快速通过咖啡粉萃取咖啡液。最早的摩卡咖啡壶是意大利人阿方索·比亚乐堤（Alfonso Bialetti）在 1933 年制造的，他的公司比亚乐堤（Bialetti）因一直生产这种咖啡壶而闻名世界。

◆ 浓情的意大利 ◆

喝咖啡是意大利人的生活方式，他们会高喊着"Buongioron！"走进咖啡馆，他们并不是在向咖啡馆中的某一个熟人问候，而是向那里所有的人打招呼。咖啡馆里的人们就像一个小小的社团，堆在一起的咖啡杯和盛满了意大利面的盘子也是这个社团的一部分。在这里人们自得其乐，即使早上只花 10 分钟坐在咖啡馆，他们也会忙里偷闲地说笑，高谈阔论或是看看报纸。咖啡对于意大利人来说，代表了一种简单而美丽的生活情结。

"意大利咖啡教父"

The Italian Godfather Of Coffee

在说到意式咖啡之前，我们还是要把目光转投到浓缩咖啡这个老大哥身上，因为它可谓是意大利的咖啡教父啊！

为什么这么说呢？

因为所有意式咖啡都是以浓缩咖啡为基底做出来的。意式浓缩咖啡"espresso"在意大利语里的意思是"快速的"，是一款口感极其浓烈的饮品，带劲儿又毫不矫情，在国内有人更称之为"功夫咖啡"！

为什么叫它"功夫咖啡"呢？

因为一杯好的浓缩咖啡需要通过 15 巴（Bar）的高压，让水蒸气快速流过紧压的咖啡粉，将细沙般的粉末萃取出一份精华的咖啡浓液，时间不能超过 30 秒，温度不能超过 90 摄氏度，手工压粉的力道至少要超过 20 公斤咖啡油脂要求 3 毫米厚，所以想要得到一杯上乘的浓缩咖啡还真得需要些功夫！

那么浓缩咖啡，通常是怎么计算的呢？

浓缩咖啡通常以"shot"为单位计量。

1 shot, 通常在咖啡单中命名为"Single Espresso"或是"Solo Espresso"是浓缩咖啡的基本款,也是欧洲最流行的一款咖啡,分量相当少,通常一两口就喝干走人。

2 shot, 俗称"Double Espresso",即双份浓缩咖啡,在意大利,人们称之为"Dopier"。"Double Espresso"和"Dopier"之间还是有区别,"Double Espresso"是指双份"Single Espresso"加在一起的分量,而在意大利,你说你要"Double Espresso",还是会给你上一杯双份剂量的"Single Espresso",但如果你点"Dopier",请注意了,"Dopier"是和"Single Espresso"一样的分量,但咖啡粉的分量是"Single Espresso"的两倍,也就是浓度是普通浓缩咖啡的两倍,是一款更浓烈的浓缩咖啡。

"Ristretto", 是所有浓缩咖啡里最浓烈的,是超高浓度的浓缩咖啡,它是用双份浓缩咖啡的咖啡粉量,50% 的水量,采取短冲形式制作出来的浓缩咖啡。

什么是短冲? 通常萃取一杯"Single Espresso"需要 25~30 秒的时间,而"Ristretto"只保留前半段也就是 15~20 秒,自然水量也比"Single Espresso"要少一半。在国内,你讲"Ristretto",侍者可能会听不懂,但你说"双份浓缩短冲",他们就明白什么意思了。

"Lungo", 有"短冲"自然也应该有"长冲",而"Lungo"就是采用"长冲"制作的。"lungo"是意大利语"长"的意思,对应的英语就是"long"。"lungo"就是用比"Single Espresso"多一倍的水量,萃取时间延长到 1 分钟左右。一个常规的浓缩咖啡的需要 25~30 秒的时间来萃取,体积为 25~30 毫升,"lungo"需要 1 分钟左右来萃取,萃取出的咖啡液体量约为 50~60 毫升。

" 呃……说到这儿, 大家都听懂了吗?
没听懂, 就看看下面这张对比图和计量表吧! "

Espresso Time 时间计量表

(Solo)
Single espresso : 7~10克粉 25~30秒
                                    25~30ml

Double espresso : 14~20克粉 25~30秒
                                    45~60ml

(Italy)
Dopier : 14~20克粉   25~30秒
                         25~30ml

Ristretto : 14~20克粉   15~20秒
(双份短冲)   15~20ml

Lungo : (长冲)

7~10克粉

        1分钟

50~60ml

"不要轻易尝试浓缩咖啡之魂，小心它勾了你的魂！"

有人像上面这样评价浓缩咖啡，的确，浓缩咖啡是一种一旦让人品尝就停不下来的勾魂饮品！

一杯提神！

两杯亢奋！

三杯……
恭喜你可以像猫头鹰一样去守夜了……

浓缩咖啡虽好，但并不是所有人都能承受得了，特别是亚洲人会选择加了牛奶口味偏淡的牛奶咖啡，而这种以浓缩咖啡为基底的都称为意式咖啡。

相信很多人进咖啡馆，都知道点拿铁、卡布奇诺、摩卡、焦糖玛奇朵等这些饮品，可很多人却不知道它们的区别在哪儿，下面我们就来翻翻"意式咖啡家谱"。

康宝蓝（Con Panna）：戴帽子的浓缩咖啡

在意大利，往意式特浓咖啡中加入适量的鲜奶油，即轻松完成一杯康宝蓝。嫩白的鲜奶油轻轻漂浮在深沉的咖啡上，宛若一朵出淤泥而不染的白莲花，令人不忍一口喝下。

（浓缩咖啡 2oz+ 鲜奶油 4oz= 康宝蓝）

玛奇朵（Macchiatto）：小巧的卡布奇诺

玛奇朵在意大利文里是"印记、烙印"的意思。顾名思义，它的味道就像名字一样能给你的味蕾留下甜蜜的印记。

玛奇朵比较女性化，看起来像缩小版的卡布奇诺。它们最大的区别，除了玛奇朵的分量是卡布奇诺的 1/3，玛奇朵是浓缩咖啡上面只加一层奶泡而没有再加牛奶，所以喝起来奶香只停留在唇边而已，浓缩咖啡的味道并不会被牛奶稀释。这款咖啡是现今浓缩咖啡里最为流行的，因为很多年轻化的咖啡馆喜欢用这款咖啡变花样，比如焦糖玛奇朵，但实际上已经默默把分量加大了数倍，口味也减淡了很多，只是还沿用这个好听的名字而已。

（浓缩咖啡 2oz+ 少量奶泡 ＝ 玛奇朵）

（浓缩咖啡 2oz+ 热鲜奶 & 糖浆 4oz + 焦糖 = 焦糖玛奇朵）

焦糖玛奇朵（Caramel Macchiato）：
甜蜜的印迹

　　焦糖玛奇朵有着"甜蜜的印迹"之美誉，香草糖浆及香滑的热鲜奶，面层加上绵绵细滑的奶泡，混和醇厚的浓缩咖啡，再加上软滑的焦糖酱，香甜醇厚的焦糖玛奇朵现已成为都市女性宠爱的一款咖啡。

（浓缩咖啡 2oz + 蒸汽牛奶 2oz + 奶泡 2oz = 卡布奇诺）

卡布奇诺（Cappuccino）：加倍浓情

　　卡布奇诺是一种加入以同量的意大利浓缩咖啡和蒸汽泡沫牛奶相混合的意大利咖啡。此时咖啡的颜色，就像卡布奇诺教会的修士在深褐色的外衣上覆上一条头巾一样，咖啡因此得名。传统的卡布奇诺咖啡是1/3 浓缩咖啡、1/3 蒸汽牛奶和 1/3 泡沫牛奶，并在上面撒上小颗粒的肉桂粉末。

　　卡布奇诺传统的拉花图案是一颗心，因为牛奶较少所以图案并没有拿铁那样丰富，"Love is Cappuccino"（爱是卡布奇诺）也因此得名。

拿铁（Latte）：牛奶 & 咖啡

"latte"，意大利语即"牛奶"的意思，而"Caffè Latte"就是我们所指的拿铁咖啡。

拿铁咖啡，底部是浓缩咖啡，中间是加热到 60~65 摄氏度的牛奶，最上面一层是不超过半厘米的冷牛奶泡沫。

拿铁较为经典的拉花图案为"树叶"或是"绽开的心"。因为牛奶较多，所以拿铁可以拉出各式各样丰富的图案，倘若你点了一杯卡布奇诺，结果上来的是一杯图案丰富的牛奶咖啡，不好意思，咖啡师把卡布奇诺当拿铁做了……

（浓缩咖啡 2oz+ 温牛奶 10oz + 少量奶泡 0.5oz = 拿铁）

（ 浓缩咖啡 2oz+ 牛奶 & 奶油 10oz + 少量奶泡 = 布雷卫）

布雷卫（Caffè Breve）：半拿铁

布雷卫很像拿铁，也是一份意大利浓缩咖啡加牛奶，区别是两份牛奶换成了牛奶加奶油。有时会再加少许奶泡，"半拿铁"也因此得名。布雷卫所呈现的拉花图案多为"冒泡的心"，因为把一半牛奶换成了奶油，所以没有丰富的图案，而且由于加了奶油的关系，咖啡颜色偏白色。

摩卡（Caffè Mocha）：浓情巧克力

摩卡咖啡，又意译为阿拉伯优质咖啡，英文意思是巧克力咖啡，是拿铁咖啡的变种。通常以浓缩咖啡为基底，加上热牛奶和巧克力糖浆混合，再加一层奶泡，表面上再加巧克力粉或糖浆。是所有咖啡里糖分最高的。

摩卡咖啡的名字起源于位于也门的红海海边小镇摩卡。这个地方在15世纪时垄断了咖啡的出口贸易，对销往阿拉伯半岛区域的咖啡贸易影响特别大。摩卡也是一种"巧克力色"的咖啡豆（来自也门的摩卡），这让人产生了在咖啡混入巧克力的联想，并且发展出巧克力浓缩咖啡饮料。

（浓缩咖啡 2oz + 巧克力糖浆 1oz+ 热牛奶 4oz+ 奶泡 = 摩卡咖啡）

平白（Flat White）：澳大利亚大白

关于平白咖啡起源的争论，澳大利亚和新西兰人总是喋喋不休。据说是20世纪70年代发源于澳大利亚，并于80年代在新西兰得到进一步发展，是澳大利亚人特有的咖啡。不论怎样争论，平白咖啡都是一款意式咖啡，是卡布奇诺的一个变种而已。好多人或咖啡馆都把"Flat White"译成"白咖啡"，我觉得是不准确的，马来西亚的白咖啡，才是真正的白咖啡。这里还是把它叫作"平白"比较准确一点，因为它的造型就像海平面一样平。平白咖啡采用的是萃取双份浓缩短冲的手法，也就是"Double Espresso"的前15秒，即"Ristetto"。

平白咖啡对奶沫的质量要求极高，要在双份浓缩咖啡中倒入"微奶沫"的牛奶，这种奶沫口感极为细腻、顺滑，外表富有光泽，通常都是平滑的咖啡表面打一个"点"，所以称其为"平白"。

（浓缩咖啡 2oz + 热牛奶 4oz + 微奶沫 = 平白咖啡）

（Espresso 2oz + 热水 3oz = 美式咖啡）

美式（Americano）：大美式

"呦～苦了呀！那兑点水加点冰，就当可乐喝去吧！"

感觉意大利人就是抱着这种态度发明了美式咖啡，这也符合美国人的个性，开心最重要。双份意式浓缩咖啡兑点热水就是美式咖啡了，再加点冰块儿就是大受欢迎的"冰美式"，当然这里的美式咖啡是指意式的美式咖啡，真正的美式咖啡在美国本土，其实就是"滴滤壶，滴滴滴！"。

"别看我个儿小，浓缩的才是精华！"

这样形容意式咖啡一点儿也不为过，意大利人的一天从一杯浓缩咖啡开始，伴着拿铁的丝滑和卡布奇诺的浓郁，意大利人的早餐无不充满着温情，人们来到文化广场点上一杯玛奇朵或是布雷卫，望着眼前的大卫雕塑和古罗马建筑，体会这几个世纪的文化沉淀，旁边是主妇们的摩卡下午茶，走过的是喝美式咖啡的美国咖，这就是意大利，一个充满着咖啡和文化的胜地！

"una volta assaggiato il caffè italiano,non se ne vuole più toccare nessun altro tipo."

一旦你品尝过意式咖啡，
你将不想再碰其他咖啡了。

PART THREE

浪漫法兰西

✦法式咖啡家谱✦

一提起去法国喝什么，我们仍然会想到两件事儿：

一是品红酒，二是泡咖啡馆！

恰巧这两件儿都起源于波尔多这个城市，不仅法国最早的酒庄起源于此，世界贸易中的大宗商品咖啡也和这座城市有着紧密联系，因为咖啡豆最早引入法国就是从波尔多的港口进来的，几百年里，咖啡已经在这座城市留下深深的印迹。

倘若说法国人喜欢咖啡的味道，还不如说人家追求的是情调。在路边的小咖啡桌旁看书、写作、高谈阔论、消磨光阴，所以法国人喝咖啡讲究的是"泡"，这就延伸出了法国特有的一种文化—— 咖啡馆文化。

"我不在家，就在咖啡馆，不在咖啡馆，就在去咖啡馆的路上。"

这句话是17世纪末18世纪初的欧洲曾经流行的一句名言，是一位生活在巴黎的维也纳艺术家写给女朋友的便条留言，用来形容当年法国的咖啡馆风潮再恰当不过了。那时的咖啡馆简直就是艺术家的乐园，文学家的书房，思想家的辩论场！

就连当时穷困潦倒的梵高都曾借住在阿尔勒的兰卡萨尔咖啡馆，并留下了那幅旷世名作——《阿尔勒的夜间咖啡馆》。

★ 一家咖啡馆的外景，有被蓝色夜空中的一盏大煤气照亮的阳台，与一角闪耀着星星的蓝天。我时常在想，夜间要比白天更加有生气，颜色更加丰富 "。

——梵高

Vincent

"左岸的人们是在咖啡馆谈论艺术，其他地方的人是在咖啡馆喝咖啡！"

说到法国的咖啡馆文化，就不得不提塞纳河的左岸，这里是咖啡馆文化的发源地，也见证了法国文化从萌芽到鼎盛再到最后走向衰败。

如果到了塞纳河左岸，逛累了随时拐进一间咖啡馆，坐在海明威坐过的椅子上，在萨特写作时曾经使用过的灯光下点一杯咖啡，像毕加索一样靠着窗户发呆，欣赏着河畔美景以及优雅慵懒的法国美人，该是多么惬意啊！这感觉就像伍迪·艾伦的那部电影——《午夜巴黎》。

电影用魔幻现实主义的手法将主人公拉回到了20世纪，那个激情澎湃的年代，体会那股让人热泪盈眶的文艺风潮！

★《午夜巴黎》伍迪·艾伦

★ 花神咖啡馆 (Café de Flore)

　　左岸咖啡馆较为知名的有花神咖啡馆 (Café de Flore)、双叟咖啡馆 (Les Deux Magots)、普洛可甫咖啡馆 (Le Procope) 等。
　　其中最有名的还属花神咖啡馆，这里有毕加索的张望，有萨特、波伏娃的爱恋与争吵，有伏尔泰和他第 39 杯的咖啡，也有徐志摩的灵感聚集。而花神就像它的名字一样具有灵性，它是法国最好的咖啡馆，或许也是世界上最好的咖啡馆了，有人甚至说如果哪一天它被拆了，法国就会散架。

在它的斜对面就是双叟咖啡馆（另名为德·马格咖啡馆），得名之由，是因为开张时有一部戏剧叫《两个来自中国的老翁》在巴黎演出大获成功。双叟咖啡馆除了咖啡，还有为新人开设的"双叟文学奖"。

要说双叟咖啡馆最有名的常客当属海明威，他经常坐在靠近窗边透光的那一张桌子旁，并留下了《太阳照常升起》等旷世名作。为此，双叟咖啡馆至今还保留着一张"海明威之椅"，椅背的铜牌上刻着海明威的名字。

"不同的青春，同样的迷惘。然而，青春会成长，迷惘会散去。黑夜过后，太阳照常升起。"

—— 海明威 《太阳照常升起》

★ "海明威之椅"

再有就是普洛可甫咖啡馆了，它是巴黎第一家咖啡馆，诞生于 1686 年，这里仍然保持着古朴典雅的传统装饰。在这里几乎你还能依稀听到卢梭与伏尔泰来自 18 世纪的争吵，也能依稀看到狄德罗在这里写出影响世界社会发展进程的著作——《百科全书》。

塞纳河左岸的出名不仅是因为它的历史悠久，还因为这里的整体文化氛围和历史底蕴，当然也少不了这里的咖啡馆文化，它们见证了法国文化的变迁。这正是"左岸"的意义所在。

★　普洛可甫咖啡馆门口的牌子（1686）

露天会客厅

在法国，无论是繁华的都市还是僻静的小镇，只要有人活动的地方就一定会有咖啡馆。广场边，商场里，转角处，还是堤岸旁，甚至在埃菲尔铁塔上，你都能看到各式各样的，从小到大，从古典到现代，从富丽堂皇到简洁明快的咖啡馆。可最富有特色也最具浪漫情调的当数遍布街头巷尾的露天咖啡座了，它们被称为"露天会客厅"。

而这些露天咖啡馆最有趣的就是，它们的桌椅就像电影院一样都面向着大街。给人的感觉简直就是"面朝大海，春暖花开"啊！

这些琳琅满目的露天咖啡座形成了巴黎街头一道靓丽的风景线，而那些花花绿绿的遮阳伞成了点缀巴黎的时尚风向标。你只需花个三五欧元就可以选一张桌子坐下来，品着香气浓郁的咖啡，你也可以随手拿一

★ 露天咖啡座 (巴黎)

★ 左岸海滩

张报纸漫无目的地假装浏览着，更可以和几个亲朋好友谈天说地，或是干脆闭上眼睛静静地养神，什么都不做。

只不过那样 Olly 会觉得有些亏了。你可以尽情发挥你的想象力，想象着你面对的马路是一望无际的海滩，而你坐的咖啡座是观众席，旁边是形形色色的座上客，在你眼前经过的摩登女郎正上演着一场"左岸沙滩 T 台秀"，还常有街头音乐家给您送来段段美妙的旋律，顿时你会觉得这三五欧元花得值啊！

说到这儿相信大家也都明白了："巴黎的咖啡馆不是用来喝咖啡的，是用来装 13 的！"

★ 左岸 T 台秀

之前说过，法国人喝咖啡讲究的似乎不在于味道，而是环境和情调，这一点使得他们和美国人很像。

可他们却互相看不上眼，美国人嫌法国人太懒，一天到晚都在外面喝咖啡而不去找工作，美国之所以咖啡喝得多也是因为工作繁多，不得不在办公室放个咖啡机，从早到晚"滴滴滴"；而法国人嫌美国人不懂生活，那么辛苦地工作还不是为了最后享受生活，人生苦短要及时享乐，花了三五欧元就能泡一天，想想谁更划算。

这就是典型的法国派思维，懒散的背后总透露着对生活的小聪明，这就是法国人的个性，跟意大利人很像，永远保持着一种乐天的态度，认真的话你就输了，享受生活才是最重要的事。

这也就是为什么这两个国家盛产美食和美酒的原因，一顿正式的法式大餐要吃四五个小时，你想想你有没有这个闲逸吧……

　　法国人这种个性也反映出他们不太会发明出什么东西来，但是他们却能很好地改良一些东西，比如法压壶、虹吸壶等。

法压壶（French Press）

　　法压壶这个名字很多人乍一看肯定觉得是法国人发明的，其实不然。法压壶是意大利人发明的，通过研究把德国梅丽塔（Melitta）夫人的滴滤原理改良后形成了"法压壶"，接着才是法国人把它更好地改良了，最后得到更好的普及和发展，并起名为"法压壶"。

虹吸壶（Syphon）

　　另一个被法国人玩好的就是虹吸咖啡壶，据传最早是1840年，英国人拿比亚（Robed Napier）以化学实验用的试管做蓝本，创造出第一把真空式咖啡壶。两年后，法国巴香夫人（Madame Vassieux）将这把造型有点像阳春壶的真空式咖啡壶加以改良，接着大家熟悉的上下对流式虹吸壶才从此诞生。

　　后来，由于法国人的个性过于随性，虹吸咖啡被精益求精的日本人发扬光大，在日本好多咖啡馆都能喝到好喝的虹吸咖啡。

★　虹吸壶（1842）

法式欧蕾（Café Au Lait）

要说这最地道的法国味儿，那当然是大名鼎鼎的法式欧蕾了，它是地地道道的法国早餐饮品，用它来搭配可颂面包，简直是早餐的好伴侣。

法式欧蕾，其基底是采用法式烘焙的豆子，通过滴滤的方法萃取咖啡浓液，同时与 50% 的牛奶交融而成。

欧蕾咖啡区别于美式拿铁和意式拿铁最大的特点就是它要将咖啡浓液和滚烫的牛奶一同注入杯中，咖啡和牛奶在第一时间相遇，碰撞出的是一种闲适自由的心情。由于采用的是滴滤手法萃取浓缩咖啡，再加上一半分量的牛奶，所以味觉上牛奶的香浓味更重些。

"比千次香吻更甜美,比陈年佳酿更醉人,只要有咖啡做伴,
就算一辈子不结婚我也甘心!"

——巴尔扎克

　　法国咖啡是丝滑般浪漫的,是富有情调的;而法国的咖啡馆则是文艺,富有情怀的,让人热泪盈眶的!

　　法国文豪巴尔扎克曾经说过:"咖啡馆的柜台就是民众的议会厅。"这里的人民见证了法国文化的兴衰。这里是"自由、平等、博爱"精神的发源地,这里是艺术家和诗人的后花园,这里是思想家和哲学家的辩论场。

这里的咖啡馆被赋予了更多的意义,

这里的咖啡馆比咖啡更伟大!

PART FOUR

梦幻土耳其

从地域上看，土耳其横跨欧亚大陆，注定是一个神奇的国度。

所以这里既有享誉欧洲的咖啡，也有风靡亚洲的香料，可谓土耳其的两大宝。

土耳其咖啡，是欧洲咖啡的始祖，诞生已有八九百年历史。是 16 世纪从也门传播至当时的奥斯曼帝国的，后来由荷兰人把这里的咖啡传播到整个欧洲，乃至全世界。

土耳其，还是现代咖啡馆的发源地。1554 年，奥斯曼帝国首都君士坦丁堡（现伊斯坦布尔），出现了欧洲第一家咖啡馆。当时的咖啡馆也是从早期阿拉伯的"街道咖啡馆"演变而来的。

★ 阿拉伯"街道咖啡馆"

可能土耳其人觉得那么多人席地而坐喝咖啡有点不雅，还是把人挪到屋里来吧，这才有了现代的咖啡馆原型。

随着奥斯曼帝国的第一家咖啡馆的开张，咖啡文化开始向欧洲传播，先是传到与奥斯曼帝国关系甚好的威尼斯，后来荷兰人开始在其殖民地种植咖啡树，并把咖啡豆运往欧洲，咖啡风潮这才在欧洲席卷开来。

★ Kiva Han (1554) 欧洲最早的咖啡馆

土耳其味道

"叱咤了几个世纪的小铜壶！"

土耳其咖啡，是咖啡最原始的味道。它保留了阿拉伯最原始的煮法，采用一种叫"ibrik"的小铜壶，将研磨得极细的咖啡粉与水一同放在壶中蒸煮，几经沸腾后，从而得到一杯正宗的土耳其咖啡。

土耳其人喝咖啡，残渣是不滤掉的。由于咖啡磨得非常细，因此在品尝时，大部分咖啡粉都会沉淀在杯底，不过在喝时，还是能喝到一些细微的咖啡粉末，这也是土耳其咖啡最大的特色。

这一杯浓稠似高汤的土耳其咖啡，不但表面上有黏黏的泡沫，那口感简直就像是黑芝麻糊，伴着浓浓的咖啡渣。因为采用的是深度炒制的豆子，所以开始在味觉上会非常苦，后面才会有咖啡的香醇，土耳其人一般会搭配土耳其软糖一同食用。

土耳其咖啡主要可以分为苦（skaito）、微甜（metrio）以及甜（gligi）三种口味，区别就是放入砂糖的多少。

所以在土耳其的咖啡馆，侍者都会在你喝咖啡之前上一杯冰水，清理一下味蕾，让口中的味觉达到最灵敏的程度，慢慢体会土耳其咖啡的"苦涩"和"甘甜"。

在土耳其的咖啡馆，可不仅仅只提供冰水，有的咖啡馆甚至提供水烟给客人享用，所以……

你能想象一边喝着土耳其咖啡一边抱着水烟壶吸烟是一种什么感觉吗？

✦ "土家"风俗 ✦

"生命不息，吸溜不止！"

如果有一天你路过一家土耳其咖啡馆，听见一帮大老爷们儿在那儿"吸溜吸溜"地喝咖啡，不要觉得匪夷所思，因为土耳其咖啡就是这么喝的！

吸溜的声音越大代表咖啡越好喝，这就跟你在意大利吃面条一样，同一个世界，同一种吸溜！

当然您也不用往死里吸溜，土耳其咖啡是带渣的，拼命吸的话，后果你懂的！

"咽下去,别喝水!"

在土耳其或是中东,主人邀请你到家里喝咖啡,代表着主人最诚挚的敬意,因此客人除了要称赞咖啡的香醇外,还要切记,即使喝得满嘴是渣,也不能喝水,因为那暗示着咖啡不好喝,主人没有招待好客人,从而显得特别失礼。

"焚香,沐浴,喝咖啡!"

在遥远而神秘的中东地区,无论是土耳其咖啡还是阿拉伯咖啡,至今都还保留着早期宗教仪式般的神秘感,甚至还有一套讲究的"咖啡道"。如同中国茶道一样,喝咖啡时不仅要焚香沐浴,还要撒香料闻香,琳琅满目的咖啡壶具充满着天方夜谭式的风情。

传统的土耳其咖啡或阿拉伯咖啡会混合丁香、豆蔻、肉桂等香料调味,那种满室飘香的氛围,阿拉伯人称赞它如麝香一般摄人心魄。

"空杯子放回去，就娶你！"

大家肯定都看到过这幅世界名画，其实就是在讲土耳其或阿拉伯的一个礼节：

年轻的小伙子去相亲的时候，女孩子通常要为其煮咖啡，如果她心仪求亲者便会在咖啡中加入很多糖，表示"我愿意，都迫不及待了"；如果咖啡很苦没有加糖，表示"我不同意"；如果咖啡里面放了盐，表示"你快点走吧，最好再也不要出现在这里"。

★ 端咖啡的人（1857）油画 约翰·弗雷德里克·刘易斯
【*The Coffee Bearer* (1857) John Frederick Lewis】

而男方这边，如果把咖啡喝完并且一饮而尽将咖啡杯放回女方端上来的托盘里，就代表男方愿意接受这个女孩；而如果男方没有喝完咖啡且剩了一些的话，就说明这个事儿还得再想想。

所以，当我们去土耳其时，未婚男士可要小心了，别一不小心喝光了姑娘家的咖啡，回头娶个土耳其媳妇回家。

"土耳其咖啡,不只是咖啡 !"

为什么这么说呢?

因为土耳其不仅有香浓咖啡,还有神奇的咖啡占卜。在享用完香浓的土耳其咖啡后,千万不要着急离开,不然就会错过"见证奇迹的时刻"。土耳其专门有咖啡占卜师这个职业,类似我国的风水师,土耳其大大小小的咖啡馆里都能见到其身影。同时,咖啡占卜也是土耳其人和朋友聚会时必选的趣味活动。

咖啡占卜的原理,主要是观看喝完咖啡后,残渣所形成的图案,以预测事情,类似于心理学中的罗夏墨渍(Inkblot)测验。

而土耳其的这种咖啡占卜也是有很多讲究的:

首先,用来占卜的咖啡必须是浓郁的土耳其咖啡,不得加糖、牛奶或其他食物! 饮者只可用右手持咖啡杯,从杯子的一侧饮用咖啡。

其次,周二和周五最适合进行咖啡占卜,周日和节假日则不适合。

111

步骤 1   步骤 2   步骤 3

步骤 1: 喝完咖啡, 留一点咖啡在杯底, 然后将盘子盖在咖啡杯上。

步骤 2: 将杯盘稍微摇晃一下, 然后逆时针旋转几圈, 心中想着要占卜的问题, 然后再将杯盘小心地倒扣回来。

步骤 3: 将杯盘静放于桌上, 等待杯底的温度降下来。这时可以在杯子上放一枚硬币或戒指以加速冷却, 驱散可从咖啡杯上读到的不祥征兆。

步骤 4: 将杯子小心地打开, 就可以针对杯中的图案, 进行占卜了。

满月形

满月形: 恭喜你成为幸运的人, 最近你会被上天眷顾着, 自信地去追求目标吧!

新月形: 低气压的一段时间, 诸事皆应小心谨慎, 待人处事都要以谦虚的态度来面对, 性急坏事, 应该耐心处理。

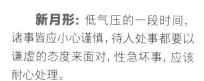

新月形

心形

心形: 收拾好心情, 精心打扮自己, 爱情即将来临!

三日月形: 可能会有一些不好的事情发生, 摆好心态, 渡过难关。

三日月形

还有好多图案，例如：飞禽代表会有意外的惊喜，矩形代表会有好的财富降临，管状代表近期会有旅行的打算等。在这里就不一一列举了。

此外，土耳其咖啡占卜只能预测未来 40 天将要发生的事情。因此，40 天后将要发生之事不能通过咖啡杯预测出来。

无论是当作餐后娱乐游戏，还是找专业占卜师预测吉凶，通过咖啡杯占卜算命都是土耳其咖啡的一个重要特征。人们能从一杯土耳其咖啡中看到对生活方方面面的提示，和朋友聊聊咖啡杯中的抽象符号也是一种治疗方式，这是喝完咖啡之后最适合不过的放松游戏了。

梦幻土耳其

"同饮土耳其咖啡,与君共叙40年友谊。"

这是土耳其的一句谚语,可见土耳其咖啡在土耳其人民心目中的重要地位。这个起源于中东古国,宛如《一千零一夜》里的传奇神话,是蒙了面纱的千面女郎,既可以帮助您提神,又是冲洗忧伤的清泉。

如果你有机会来到土耳其,一定不要错过土耳其咖啡,你会发现它真的不只是咖啡。

PART FIVE

热情东南亚

　　阳光、沙滩、碧海、蓝天,仿佛赐予了东南亚人民热情随性的性格。遛走在东南亚,在新加坡街头、越南拐角、马来西亚的旧街场等地,三两步就会撞见一个咖啡馆,它们甚至有的连屋子都没有,要么外面写着"咖啡馆"走进去一看却是个餐馆,没错! 这就是东南亚人民的随性,随性地把咖啡馆"café"叫成"kopitiam",随性得连自信的欧美人都不知道餐单上"Kopi O"和"Kopi C"是什么,而那通常是"Espresso"和"Cappuccino"的位置。

　　而这正是东南亚咖啡的特色,咖啡中散发着一种热情和随性。

　　在这里,一杯咖啡,一顶草帽,安享清闲!

"车轱辘上喝咖啡！"

要说东南亚咖啡的老大，还得说是越南！

这个咖啡馆和自行车一样多的国家（我当然是开玩笑的），人们恨不得一边骑车一边喝咖啡，三五步一个咖啡馆是越南城市一道重要的风景线！

之前讲咖啡豆的时候说了，东南亚是罗布斯塔豆种最大的种植地区，而越南也是罗布斯塔豆种植最多的国家。又因为罗布斯塔豆很大的一个作用是用于速溶咖啡的制作，所以越南又是最大的速溶咖啡原材料供应国。

要说这越南人喝咖啡的口味也十分独特,据说在烘焙豆子的过程中会加入黄油(偶尔也用植物油),并且把豆子烘焙到"法式烘焙"的等级,并且用滴滤的方法萃取咖啡,后用炼乳调味饮用,可真的是够奇葩的,但是味道说真的,还真是很特别!

先是那激烈的苦味直冲脑门,以为魔鬼要来了,接着炼乳的甜就出来了,噢,原来是天使啊!这感觉简直就是从地狱到天堂啊,Oh...Yeah!

越南壶(Vietnamese Pot)

越南还有一个好玩的东西叫作越南壶,俗称"滴滴金"。啥?你是不是也以为又是什么清凉油或跌打损伤的药膏之类的呢?

越南壶是越南人萃取咖啡所使用的工具它其实是法式滴滤的一种,是法国人传来后,由本地人改良的,特点是让咖啡一滴一滴慢慢流到杯子里。整个萃取过程大约10分钟,是一种慢萃取方法。

◈ 印度尼西亚 ◈

　　越南虽然是东南亚咖啡豆产量最大的国家，可咖啡豆品质最高的却在印度尼西亚，毕竟咖啡就是在 17 世纪由荷兰人从这里（当时的爪哇岛）传进来的，曾经的爪哇咖啡就是顶级咖啡的代名词。

　　当时，这里种的还都是名贵的阿拉比卡种，后来由于一种锈蚀病袭击了印度尼西亚爪哇岛在内的许多地区，造成大片的咖啡树死去，整个印度尼西亚幸存的阿拉比卡咖啡树只剩 1/10，且大部分在苏门答腊岛。之后虽荷兰人带来了更抗病虫害的罗布斯塔种，但口味上较阿拉比卡豆逊色不少，印度尼西亚咖啡亦风光不再。

　　要说印度尼西亚的咖啡明星，那当属曼特宁（Mardheling），产于印度尼西亚的苏门答腊岛，别称"苏门答腊咖啡"。

　　曼特宁风味非常浓郁，香、苦、醇厚，带有焦糖感和少许的草药味、檀木香。喝起来有一种阳刚和强烈的畅快感，所以也被人称为"男人的咖啡"！

曼特宁是印度尼西亚咖啡中的明星，那黄金曼特宁就是曼特宁中的天王巨星，其经过手工精心挑选得到的颗粒饱满、色泽莹润的咖啡豆，绝对是曼特宁咖啡中的绝色佳人。

而真正的上等黄金曼特宁都要打上 P.W.N 的烙印，也就是"Golden Mandheling"商标的拥有者普旺尼咖啡公司（P.W.N）的标记。

说到印度尼西亚咖啡，就不得不说一下备受争议的麝香猫咖啡（印度尼西亚语 Kopi Luwak），俗称"猫屎咖啡"。它是从麝香猫的粪便中提取出来后加工完成的。麝香猫吃下成熟的咖啡果实，将咖啡种子经消化系统排出体外。经过十分复杂的工序，被制成"猫屎咖啡"。由于经过胃的发酵，这种咖啡别有一番滋味，加之产量十分稀少，从而成为国际市场上最贵的咖啡之一。可 Olly 在这里呼吁大家抵制这种咖啡，因为有些不良商贩将麝香猫关在狭小、肮脏的笼子里面，逼迫它们不停地吃咖啡果，这使得它们濒临崩溃，饱受折磨，导致它们互相撕咬，直到一个个相继而死。所以请大家不要喝这种咖啡，也告诉身边的朋友抵制猫屎咖啡，还麝香猫一个健康的生活环境！

对"猫屎咖啡"说"不"！

"华人的味道"

马来西亚和新加坡在咖啡文化上的相同之处就是，它们都是闽南地区的华人带过去的，就如同"海南鸡饭"一样，特别是新加坡人总是用发音源自闽南话的"kopi"来称呼咖啡。"kopitiam"(新加坡的咖啡馆称法)基本上就是闽南话"咖啡店"的音译。

新加坡有 种好玩的咖啡叫作"Kopi Tarik"，就是在上桌前会在两个杯子里被倒来倒去的咖啡，而"tarik"就是"倒回去"的意思，最初的作用是为了降温，但这样的方法通常会在咖啡中制造许多的泡沫，就好像卡布奇诺一样，因此他们又把这种咖啡叫作"Kopiccino"。可以说跟星巴克"Frappuccino"(星冰乐)取名的理念是一个样的！

当然，做"Kopi Tarik"也是需要很高的技术的。

不然后果……你懂的！

　　马来西亚最有名的当属怡宝旧街场（Old Town）白咖啡，也有人称之为"华人的咖啡"，是移居到马来西亚的华人研制出来的，发源于半个世纪前马来西亚怡宝的旧街场。

　　马来西亚的白咖啡，采用的是马来西亚特有的利比里卡咖啡豆和阿拉比卡、罗布斯塔三种豆子混合在一起制作的咖啡，而在烘焙过程中加上蔗糖，令颜色更深，喝的时候无需加糖。

　　白咖啡多以冲泡的形式制作，将加入蔗糖的三种混合豆子通过低温烘焙磨成粉后冲泡饮用，低脂肪、低咖啡因（<10%），并加上无脂奶粉调味，将咖啡的苦味、酸涩味降至最低。

　　所以白咖啡与其说是咖啡，更像是一种咖啡饮料。

　　不论是越南咖啡的"不讲道理"，印度尼西亚咖啡的"男人味"，新加坡咖啡的"新花样"，还是马来西亚咖啡的"华人味道"，无不透露着东南亚人民的热情和随性。

　　谁说咖啡一定要配慕斯或可颂？

　　我就想任性地吃着海南鸡饭，喝着白咖啡！

Chapter THREE

Coffee

咖啡
朋友圈

Story of Coffee

OWL CAFÉ

★ Keep Calm and Drink Coffee ★

拉丁美洲

人有人的朋友圈,

咖啡也有咖啡的朋友圈。

随着人们生活水平的提高，人们对于咖啡的关注也更加深入，开始更多地关注咖啡的产地或是庄园的信息，以及咖啡的品种和加工方式的不同。人们对于咖啡的品质有了更高要求。

接下来，Olly 就带大家前往世界著名的咖啡产地，进行一场盛大的咖啡巡礼，一同了解世界咖啡产地的特色文化。

★ 巴 西 ★

要说这南美咖啡的朋友圈啊，简直就像一场足球盛宴！

说到南美，巴西是当仁不让的老大哥，之前讲咖啡豆的时候说过，巴西咖啡豆的产量居世界第一，消费量仅次于美国，列世界第二。这就跟南美的足球一样，有巴西在，没人敢说第一，可这并不代表巴西的豆子就是最好的，为什么这么说呢？

在 20 世纪 60~70 年代，由于大的咖啡品牌在这里安营扎寨，以及政府的大力扶持，巴西咖啡的种植面积非常大，机械化生产程度也比较高，已经形成了一套非常完善和庞大的生产链条。

这就像巴西足球一样，你能在巴西的街头巷尾看到到处都是踢球的，基数非常大，这里的青训营、职业队的足球体系也非常棒，但你能说这里的球员就是踢得最好的吗？

所以，巴西虽然是最大的咖啡生产国，可优质的咖啡其实并不多，其口味的特点偏"硬"，酸度较低，苦味略重。豆子也多用于商业用豆，例如超市、连锁咖啡馆等，你肯定听说过一种叫作"巴西拼配"的咖啡豆，是一种价格相对低廉的意式咖啡豆，豆粒较小、苦味较强。

巴西生产的咖啡品种相当丰富，以波旁为代表，另有蒙多诺沃、卡杜拉等，都属于阿拉比卡种，另外也有卡内弗拉种和人工接种的伊卡图（Icatu）。其中波旁种最为多产，众所周知巴西盛产前锋嘛……

虽说品种相当丰富，但真正能称得上精品咖啡或是单品咖啡的其实并不多。在巴西东南部的喜拉朵和南米纳斯地区有一些知名的庄园，那里出产着巴西最高品质的咖啡豆，最为有名的就是波旁山度士（Bourbon Santos），简直就是巴西队的头号球星——内马尔。

山度士应该可以称为巴西最高品质的咖啡了，以明晰的酸味和水果般的香气为特征，并带有微微甜美的后味，实属巴西咖啡中的精品。

哥伦比亚

哥伦比亚稳坐中南美洲咖啡业的第二把交椅也毫不含糊，是世界咖啡第三大生产国，仅次于巴西和越南，产量居世界第三。

"Colombia 四大宝"

Hi~ I'm coffee

咖啡　鲜花　黄金　绿宝石

咖啡在哥伦比亚农业生产中占的比例很大，差不多占了将近 1/4，而整个国家也有将近 1/4 的人口从事咖啡相关的工作，也就是说在哥伦比亚每 4 个人中就有 1 人从事咖啡工作，可见咖啡产业在哥伦比亚的重要程度。

虽然从产量和生产规模上，哥伦比亚都不能和巴西同日而语，但哥伦比亚咖啡豆的品质却是相当不错的，人家走的是"小作坊出精品"的路线，绝大部分都是小规模小农庄的出产，在保证质量前提下再追求量的增加。

哥伦比亚所生产的咖啡，全部为阿拉比卡种，且品种优良，以豆形饱满、香气浓郁著称，味道甜美而醇厚，富含丰富的水果清香。

129

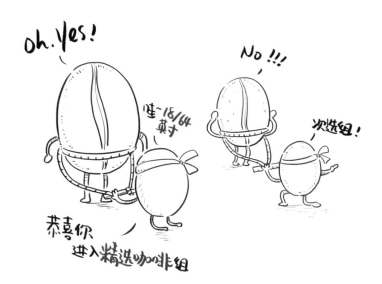

哥伦比亚的咖啡据说有 200 多个档次，以特选级（supermo）为最高等级，上选级（excelso）次之；但唯有 18 号豆（直径 18/64 英寸）以上的特选级咖啡，才能列入精选咖啡。

哥伦比亚精品咖啡里最有名的当属"娜玲珑咖啡"（Narino），其外形就像它的名字一样精致，香气浓郁，豆粒饱满。"娜玲珑特选级"（Narino Supermo）咖啡豆算是哥伦比亚最为名贵的豆子，简直就是哥伦比亚咖啡的选美小姐呀！

哥伦比亚最著名的咖啡品牌叫胡安·帝滋（Juan Valdez），其连锁咖啡馆在整个美洲地区都非常有名，在南美的街头你都能看到它的身影。

甚至在美国，胡安·帝滋都不输给像星巴克这样的咖啡大佬，纽约《时代周刊》都承认其在美国的品牌价值，据说连谷歌旧金山的总部，都供应着胡安·帝滋的咖啡。

咖啡是哥伦比亚人的骄傲，哥伦比亚人最喜欢谈论的几件事，除了他们那曾经名列世界前茅的足球，就是他们引以为傲的咖啡了。

说完南美洲咖啡的两位老大哥，巴西和哥伦比亚，咱们再来说说他们身边的这些小弟吧，用下面这句话来形容他们的关系是再恰当不过的了："两杆大烟枪与咖啡四小强。"

危地马拉（Guatemala），"咖啡四小强"之首，信奉玛雅文化，为引领精品咖啡贡献一己之力。

人送绰号安提瓜（Antigua），意指危地马拉最为著名的咖啡胜地，也是世界遗产的古都，四周高山环绕，海拔在1500米以上。这里以生产高品质的咖啡闻名，多数为阿拉比卡种，味道醇厚并伴有优雅的香气，还有一股特别的烟草味，也有人称其"小烟枪"！

这里的豆子以海拔来区别不同的品质等级，海拔越高，咖啡的风味就越酸、越浓，豆子越硬；而低海拔的豆子则没有这些特色。最高级别的咖啡豆被称为"极硬豆"（Srictly Hard Bean）。

危地马拉
绰号：安提瓜（Antigua）

等级 Level

酸 浓 硬

"极硬豆"
(Strictly Hard Bean)

海拔 Height

除了安提瓜，危地马拉的咖啡产区还有柯班（Coban）、阿蒂特兰（Atitlan）、韦韦特南戈（Huehuetenango）等著名产区。特别要说的是柯班，因为地处雨林地区，雨量充沛，其咖啡带有鲜明的酸味，并有强烈的柑橘及葡萄酒的清香！

在危地马拉有这样一种说法：当你认真地品尝危地马拉咖啡的时候，你会从一杯安提瓜咖啡那独特的烟熏味道中，看到一段精彩画面。曾生活在危地马拉这块土地上的充满智慧的玛雅人，经过一天的劳作后，在我们从没见过的咖啡树下享受着最原始的危地马拉咖啡，看着落日渐渐地消失在海平面上……

巴拿马（Panama），"咖啡四小强"老二，西邻哥斯达黎加，东临哥伦比亚，祖籍巴拿马其里基（Chiriqui）省波魁特（Boquete）镇（巴拿马咖啡重要产区）。

人送绰号瑰夏，意指巴拿马最为著名的咖啡品种，拥有极强的花香、热带水果和浆果气息，以及乌龙茶特有的奶香甜味，是广大女性最为喜爱的一款咖啡，因此也被人称为"最性感的咖啡"。

瑰夏的发音同于日文的"艺妓"，故也有个别人称之为"艺妓咖啡"。

瑰夏的迁徙

　　瑰夏起源于埃塞俄比亚地区，随后被送到肯尼亚研发，之后带入到乌干达和坦桑尼亚地区，接着被哥斯达黎加引入。

　　1970 年代，洞巴七农园的弗朗西叮·基拉新先生从哥斯达黎加将瑰夏带回巴拿马开始种植，因为产量极低并要参与竞标，这款豆子可以说来之不易。

　　后来，在巴拿马人的细心栽培下，瑰夏才得以发扬光大，并在咖啡市场上屡次拍出高价，风头一度盖过了原本占据咖啡王国宝座已久的一王一后——牙买加蓝山（Jamaicon Blue Mountain Coffee）、夏威夷科纳（Kona Coffee）。

　　而瑰夏，也成为巴拿马国宝级咖啡，特别是来自翡翠庄园和埃斯美拉达庄园的瑰夏品种，更是巴拿马顶级咖啡的代表。

哥斯达黎加（Costa Rica），"咖啡四小强"中的老三，东临加勒比海，西面太平洋，北接尼加拉瓜，南邻巴拿马。

塔拉苏（Tarrazu）是哥斯达黎加最重要的咖啡产地，海拔 1200~1700 米，所种植的全部是阿拉比卡种。江湖绰号"蜜咖"（Honey Coffee），这里指的是哥斯达黎加一种特别的豆子精制方式——半日晒处理法（miel），或称"甜如蜜"处理法，简称"蜜处理"。

Costa Rica
哥斯达黎加
绰号: 蜜咖 Honey Coffee

"蜜处理"
Beankini

蜜处理，是指将带着黏膜的豆子进行日晒干燥的精制过程，其间每隔一小时就得翻动豆荚，使之均匀干燥，让豆子充分汲取厚厚果胶层的果香和糖分精华，脱水后还要置入木质容器中进行发酵。所以经过这种方式处理过的咖啡，特点就一个字"甜"！即使咖啡凉了，你也能感受到那种浓厚的甜香。

哥斯达黎加咖啡豆的评鉴制度和危地马拉类似，也是根据栽种的高度来决定，海拔越高咖啡豆的品质也相对越好。最高等级的咖啡豆被称为"极硬豆"，和危地马拉相同，这种豆子一般栽种在海拔 1500 米以上。

特别要说的是，由于咖啡在哥斯达黎加的地位很崇高，咖啡财富为哥斯达黎加的政治、经济和民主带来稳定的力量，所以该国法律只允许栽植阿拉比卡豆，罗布斯塔在其境内属"违禁品"，栽种是违法的！

Salvador

萨尔瓦多（Salvador），"咖啡四小强"老幺，出身贫寒，自小经历战乱，被迫离开家园，但这并没有击碎一颗咖啡多次重返家园重振咖啡产业的心。

萨尔瓦多
绰号：帕卡马拉

波旁
Bourbon

小时候，爷爷
对我说……

Pacamara
帕卡马拉

江湖绰号帕卡马拉（Pacamara），意指这里特有的一种变种咖啡，是波旁突变成帕卡斯种，接着再和象豆混种，形成帕卡马拉种，所以它是拥有1/4波旁血统的"混血儿"！

在萨尔瓦多，波旁种占据咖啡产量大多数，在味道上，酸味没有危地马拉的安提瓜那样突出，却有着一种巧克力般的浓厚口感。帕卡马拉，则拥有明晰的酸味和香气，且数量稀少，因此近些年受到相当程度的关注。

与危地马拉和哥斯达黎加一样, 萨尔瓦多的咖啡依据海拔高度进行等级划分, 海拔越高, 咖啡相对越好。

依标高而分为三个等级:

SHG (strictly high grown) = 高地 (1200 米以上)

HGC (high grown central) = 中高地 (700~1000 米)

CS (central standard) = 低地 (500~590 米)

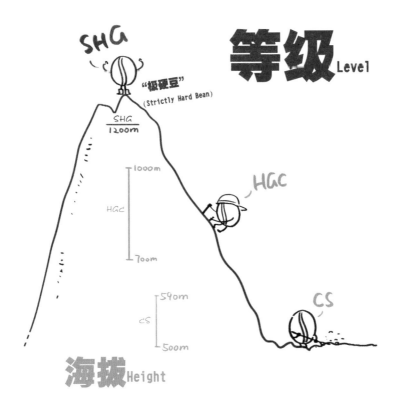

等级 Level

海拔 Height

PART TWO

非 洲

"非洲雄狮，咖啡鼻祖！"

我只能用这样的字眼来形容这片热土，而咖啡似乎是上天赐予这片热土的一个礼物。

◆ 埃塞俄比亚 ◆

还记得那个牧羊人的故事吗？牧羊人卡尔迪无意中发现羊群在吃了一种红色的果实后兴奋得蹦蹦跳跳，从此这种神奇的果实才逐渐被传开，至今影响着全世界！

没错，这里是咖啡树最早的生长之地，这里是咖啡的发源地！

同时，这里是阿拉比卡品种的原产地，也是世界上最古老的咖啡消费国。因为埃塞俄比亚人是最早用水煮咖啡喝的，随后才被传入地中海沿海及阿拉伯地区，大名鼎鼎的土耳其咖啡就是这么来的哦！

★ 阿拉比卡原产地　　　　　　　★ 土耳其咖啡前身

埃塞俄比亚是名副其实的咖啡大国，光是咖啡的原生品种就有3500 多种，并具有得天独厚的咖啡生长环境，海拔 1100~2300 米的高地非常适合种植咖啡，咖啡的从业人员高达 1500 万人，占全国人口的20%，埃塞俄比亚最大的外销品也是咖啡，占外销总量的 35%~40%，同时国内生产的咖啡有 30%~40% 是由本国人民消费掉的。

所以，从各个方面来说，埃塞俄比亚几乎和咖啡画上了等号，埃塞俄比亚就是咖啡的代名词！

　　耶加雪菲（Yirgacheffe）是埃塞俄比亚最为著名的咖啡产区。这里出产的咖啡豆虽身形娇小，却是温婉秀气，甜美可人，有着独特的柠檬、花香和蜂蜜般的香甜，以及柔和的果酸和柑橘味，口感清新明亮。

　　早年间，耶加雪菲是座小镇，海拔 700~2100 米，这里自古是块湿地，古语"耶加"（yirga）意指"安顿下来"，"雪菲"（cheffe）意指"湿地"。"安逸的湿地"，多么富有意境的名字啊，怪不得出产的咖啡豆会这么香气浓郁，致使埃塞俄比亚咖啡农争相以自家咖啡带有耶加雪菲风味为荣，进而成为非洲最负盛名的咖啡产区。

　　所以，这里走出的咖啡早已从"小镇姑娘"变为"大家闺秀"，真所谓"小镇的姑娘变成了大经理，你一定听过这故事"。

耶加雪菲

哈拉尔

Coffee Sisters

除了耶加雪菲，埃塞俄比亚还有像哈拉尔、西达摩、利姆这样同样著名的咖啡产区，特别是哈拉尔，和耶加雪菲一起被称作埃塞俄比亚"姐妹花"。

水洗耶加
Washed Yirgachette

由于非洲水资源相对稀缺，埃塞俄比亚通常采用传统的自然干燥精制法，但由于只有水洗式的精制咖啡才能以较高的价格外销，加上政府的扶持，大量引入水洗设备，使得水洗式精制的比例也随之逐年上升，这才有了大名鼎鼎"水洗耶加"。

"勇猛的非洲雄狮"

　　人们之所以称肯尼亚为"勇猛的非洲雄狮"，一是因为这里出产的咖啡拥有强烈的香气和咖啡酸，二是因为这里具备非洲最健全的咖啡生产体系，是非洲的咖啡最前线。

肯尼亚的咖啡产业之所以如此完备，最主要的原因其实是当时殖民者的推动。肯尼亚早期是英国的殖民地。我们都知道英国人是最会制定制度的。当时的英国人建立了目前的栽培、品管制度，后来肯尼亚独立后才由政府进一步完善。

　　肯尼亚北邻阿拉比卡咖啡树的原产地埃塞俄比亚，但迟至20世纪初，才开始从事咖啡栽培业。19世纪传教士从也门引进阿拉比卡树，但未大量栽种。直到1893年，又引进巴西古老的波旁咖啡种子，才大规模栽培咖啡。也就是说，肯尼亚咖啡带有巴西血统，但由于水土、气候和处理方式迥异，肯尼亚和巴西咖啡还是有诸多不同。

"十七宗罪"

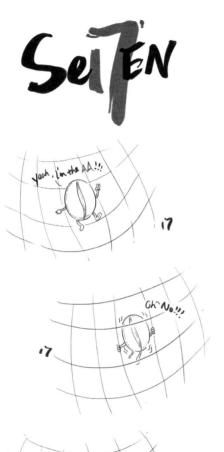

分 级

肯尼亚咖啡豆的分级制度非常严格，根据豆的大小、形状和硬度，会区分为 7 个等级。最高级 AA 或 AA$^+$，是指筛网尺寸在 17 以上的豆子，尺寸为 15~16 的为 AB 级，此后为 PB、C、E、TT、T，其中 AB 级是出口量最大的。

有人说，肯尼亚 AA 是世界上咖啡风味平衡度最高的一款咖啡，因为它包含了我们想从一杯好咖啡中得到的每一种感觉。它具有美妙绝伦的芳香，醇厚而又均衡的酸度，匀称的颗粒感以及极佳的红酒和水果酸。

天哪，这简直是一种无与伦比的天然饮料啊！

147

肯尼亚自 1937 年有一项非常传统的拍卖制度——"周二拍卖会"。

肯尼亚政府极其认真地对待咖啡业。在这里，砍伐或毁坏咖啡树是非法的。所有咖啡豆首先由肯尼亚咖啡委员会 (Coffee Board of Kenya, CBK) 收购，在此进行鉴定、评级，然后在每周二的拍卖会上出售。委员会只起代理作用，收集咖啡样品，将样品分发给购买商，以便于他们判定价格和质量后确认心中的底价，随后在拍卖会上进行竞标，注重质量的德国人和北欧人是肯尼亚咖啡的长期购买商。

★ 卢旺达 & 坦桑尼亚 ★

跟埃塞俄比亚和肯尼亚这种非洲大户相比，卢旺达和坦桑尼亚这对农民兄弟则建起了自己的"农家乐"。

其特色是小规模的生产，近 95% 的咖啡产自小规模农家院里，并栽种不同品种，在这里既种植阿拉比卡种，又种植卡内弗拉（罗布斯塔）种。更有意思的是，他们生产的咖啡几乎不在国内消费，全都销往国外，特别是坦桑尼亚，国民平常很少有喝咖啡的习惯，在日常生活中多以饮用红茶为主。

非洲,以其悠久的咖啡历史和一脉相传的口碑,占据着咖啡世界相当重要的一席之地。

　　有句话是这么说的:"如果,咖啡是上天赐予非洲的一件礼物,那么,它将这件礼物送给了全世界。"

PART THREE

咖啡好莱坞

——明星咖啡豆

"这里，香气四溢；这里，沁人心脾；
这里，咖啡满地；这里，大牌云集。"

没错，这里是咖啡的好莱坞，聚集着混迹上流社会的咖啡名流，下面咱们就来说说咖啡世界的好莱坞，细数一下那些来自世界各地的咖啡明星，盘点一下各个产地的咖啡名流！

★ 蓝山咖啡 ★

如果说小李为了影帝，冲奥最终拿下小金人用了22年，那么蓝山咖啡，就是咖啡界"影帝"的代名词，它就像马龙·白兰度一样牢牢占据着影迷心中影帝的位置，简直就像个"咖啡教父"！

蓝山咖啡生长在牙买加，优越的成长环境造就了这位咖啡巨星。

蓝山位于牙买加东部，在加勒比海的环绕下，每当天气晴朗的日子，太阳直射在蔚蓝的海面上，山峰上反射出海水璀璨的蓝色光芒，故而得名。蓝山最高峰海拔2256米，这里地处咖啡带，拥有肥沃的火山土壤，空气清新，没有污染，气候湿润，终年多雾多雨，这样的气候造就了享誉世界的牙买加蓝山咖啡。

蓝山咖啡可以说是将咖啡的甘、酸、苦三味搭配得最完美的一款咖啡了。其香气十分浓郁且均衡，富有丰富的水果酸和坚果香，所以苦味极低，且有适度而完美的酸甜味，可以说将所有的味觉都达到了最佳效果，简直就是完美啊！

蓝山咖啡豆粒饱满，采用中度烘焙能最大程度地体现它的风味。此外，蓝山咖啡的咖啡因含量很低，还不到其他咖啡的一半，符合现代人的健康观念。

牙买加的咖啡同样有着严格的分类和等级。大体可以分为蓝山咖啡、高山咖啡和普通牙买加咖啡三类。

蓝山咖啡（Blue Mountain Coffee）

一般海拔 1600 米以上的蓝山区域种植的咖啡，才叫作蓝山咖啡。它们大体分布在 John Crow, St.John's Peak, Mossman's Peak, High Peak, Blue Mountain Peak 等 5 个山区。

蓝山咖啡又分为蓝山一号和蓝山二号两种级别。蓝山一号是 NO.1 peaberry，也称为珍珠豆，是海拔 2100 米的产品中精挑细选的小颗圆豆，精品中的精品。

高山咖啡 (High Mountain Supreme Coffee Beans)

在牙买加蓝山地区 450~1500 米区间生长的咖啡称为高山咖啡，也是仅次于蓝山咖啡品质的咖啡，被业内人士称作蓝山咖啡的兄弟品种。牙买加蓝山咖啡产量极少，因此，如果想要品尝牙买加口味咖啡，牙买加高山咖啡就是您最好的选择了。

牙买加咖啡 (Jamaica Prime Coffee Beans)

牙买加咖啡，是指蓝山山脉以外地区种植的咖啡。其海拔在 250~500 米之间，因海拔、位置和蓝山差距较大，一般不被归纳在蓝山咖啡里。

★ 蓝山咖啡

★ 高山咖啡

★ 牙买加咖啡

　　由于蓝山咖啡对其地理位置、生长环境、采摘条件要求极为苛刻，导致其产量极低，从来都是在 900 吨以下。从 20 世纪 60 年代至今，日本始终投巨资扶持牙买加咖啡业，所以蓝山咖啡大多为日本人所掌握，他们也获得了蓝山咖啡的优先购买权。

　　90% 的蓝山咖啡为日本人所购买，世界其他地方只能获得 10% 的蓝山咖啡，因此不管价格高低，蓝山咖啡总是供不应求。按照年产量 10% 供应日本以外的地区来计算，这种全世界（除日本）每年只能消费 90 吨的咖啡，可能在随便一个咖啡馆花几十块钱就能喝到吗？

科纳咖啡

科纳
Kona

Hepburn

如果说，蓝山咖啡是咖啡迷心目中的"影帝"，那么夏威夷科纳咖啡无疑就是咖啡界的奥黛丽·赫本了，简直就是一代"影后"啊！

之所以这么说，是因为夏威夷的科纳咖啡豆具有最完美的外表，它的果实异常饱满，而且光泽鲜亮，被誉为"世界上最美的咖啡豆"。

"Hawaii Girl"

科纳咖啡的优良品质得益于适宜的地理位置和气候。种植在夏威夷西南岸毛那罗阿火山的斜坡上，咖啡豆比较接近中美洲加勒比海地区的咖啡特色，再加上生长在火山之上，同时有高密度的人工培育农艺，因此每粒豆子可说是娇生惯养的"大家闺秀"。

★ 她就像从夏威夷阳光微风中走来的女郎，清新自然 。

科纳咖啡有着极其浓郁的芳香和坚果香味,配有葡萄酒和水果的混合酸味,口感顺滑,唇齿留香,新鲜的科纳咖啡真的是香得不得了!如果你觉得印度尼西亚咖啡太厚重,非洲咖啡太酸爽,南美咖啡太豪放,那么,科纳咖啡就是你的理想对象!

科纳咖啡让人享受独特的快意,引你慢慢进入品尝咖啡的超然状态,而这完全来自于最古老的阿拉比卡咖啡树。

一位名叫萨缪尔·瑞夫兰德·拉格斯(Samuel Reverend Ruggles)的美国传教士将伯奇酋长园中咖啡树的枝条带到了科纳。这种咖啡是最早在埃塞俄比亚高原生长的阿拉比卡咖啡树的后代,直到今天科纳咖啡仍然延续着它高贵而古老的血统。也就是说,科纳是有着阿拉比卡血统的咖啡。

最佳的科纳咖啡分为三等:特好、好、一号。

正宗科纳咖啡必须产自夏威夷的大岛(the Big Island),因而只有大约1400公顷的地方出产科纳咖啡,产量极其稀少。现在市面上自称为"科纳"的咖啡只含有不到5%的真正夏威夷科纳咖啡,大多是"综合科纳",掺杂了一些其他邻岛出产的豆子,正宗的科纳咖啡极其昂贵,售价直逼蓝山咖啡。

说完咖啡界的"影帝"和"影后"就来说说那些同样能夺得人们眼球的最佳"男配角"吧！

琥爵咖啡，古巴男星，出道早，外号"加勒比海盗"、"古巴老炮儿"！

产自古巴高海拔地区加勒比海东部的水晶山区，阿拉比卡种，筛选的咖啡豆颗粒大，成熟度高，水洗精制。风味上呈现独特的加勒比海风格，酸中带甜、苦中带甘的优质特性，且浓度适中，并带有持久水果清香。

后来由于"新人"辈出，像曼特宁、肯尼亚AA、哈拉尔这样的"优质偶像"出现，琥爵不得不沦落为老炮儿了……

✦ 黄金曼特宁 ✦

"亚洲拳王"、"咖啡硬汉"、"男人的咖啡"，黄金曼特宁有着多个响亮的绰号。

产于印度尼西亚苏门答腊，主要产地有爪哇岛、苏拉威西岛及苏门答腊岛。值得注意的是，这里90%种植罗布斯塔种，只有曼特宁为稀有的阿拉比卡品种。

黄金曼特宁口感非常浓厚，香、苦、甘，且带有少许的焦糖和草药味。因为苦味略重，几乎无酸，喝起来有一种阳刚的畅快感，故为"男人的咖啡"。

由于黄金曼特宁的"演技一流"，近些年上升的势头非常迅速，再加上欧美人的疯狂推崇，所以其风头早已盖过琥爵咖啡。

肯尼亚 AA，借好莱坞电影《走出非洲》(Out of Africa) 的轰动而进一步扬名，而从成为一颗炙手可热的新星。

成熟的外形，优良的血统，以及惊奇的口感，造就了他晋升为一线咖啡明星的有利条件，成为"最佳男配角"的有利争夺者。

★ 瑰 夏 ★

咖啡界那些让人惊艳的最佳"女配角"。

瑰夏被咖啡迷誉为"最性感的咖啡"、"拉丁女神"，最优的瑰夏产自巴拿马，所以又称"巴拿马女王"。其拥有极强的花香、热带水果、坚果味以及浓郁的甜度，是非常适合女性饮用的一款咖啡。

同样，瑰夏也拥有着埃塞俄比亚咖啡古老而高贵的血统，可谓名门望族。近些年，以其精湛的"演技"和良好的"人缘"，有竞争"最佳女主角"，争夺"影后"之势！

Shirley Yirgachelle

耶加雪菲咖啡可谓是咖啡迷眼中的"大众情人"，其形象犹如美国著名女星秀兰·邓波儿一样深入人心。

耶加雪菲虽身形娇小，却温婉秀气，甜美可人。这位"埃塞俄比亚公主"继承了上千年的水洗阿拉比卡传统，轻度烘焙有着独特的柠檬香和花香，柔和的果酸及柑橘味，口感清新明亮。不加奶也不加糖，就让丰厚的质感与独特的柔软花香透过你的味蕾，留下无穷回味……

"没有最好的咖啡，只有最适合你的那一杯！"

要说这口碑好、"演技佳"的咖啡明星还真不少，更多有实力、有特色的咖啡"新人"需要你这个咖啡星探去寻找、去思考。

毕竟，"一千个读者眼里有一千个哈姆雷特"。那么，一百个咖啡控嘴里也会有一百种咖啡的滋味！

Who is your favourite Coffee Star?

Chapter FOUR
Coffee

不只是
咖啡

Story of Coffee

OWL CAFÉ

★ Keep Calm and Drink Coffee ★

"总有一些咖啡小白，会提出一些奇怪的问题。"

例如，喝黑咖啡会不会变黑？

Olly 我当时脸就黑了！那喝白咖啡还能美白是怎么啊？放心喝吧，就算你一天喝上千杯黑咖啡也不会变成非洲老哥的！你别看我这么黑，我可不是喝咖啡喝的，我就这品种啊！都是我那个二货作者非得把我画得这么黑，我上哪儿说理去！

还有人问拿咖啡壶冲咖啡的时候老是手抖怎么办？

告诉你秘诀吧，那就是去健身房健身！练成我这样保证你不会抖！

玩笑归玩笑，我相信还是会有很多人会问出类似的问题。

下面 Olly 就给大家解释一些有关咖啡的常识性问题，让我们一同走进咖啡的深奥世界，一起体会咖啡那不为人知的乐趣吧！

PART ONE

什么是咖啡因？

什么是咖啡因？

咖啡因是咖啡中最重要最具代表的成分，也正因为有了它，咖啡才能风靡全球，使人为之疯狂，因为它能带给人无穷无尽的"魔力"！

咖啡因存在于咖啡豆以及茶叶当中，具有亢奋、提神、利尿等作用。

一般 120 毫升的冲泡型咖啡当中，含有 60~100 毫克的咖啡因，这与一杯 30 毫升的意式浓缩咖啡的咖啡因含量相当，而在 120 毫升等量的红茶中，含有 10~30 毫克的咖啡因。

所以咖啡中的咖啡因含量要大于茶，而在咖啡当中，意式浓缩咖啡的咖啡因浓度是最高的。

咖啡因的多少跟咖啡豆的烘焙程度有关吗？

关于烘焙深浅程度决定咖啡因的多少，这里也有着不少的误解。

有人说深度烘焙的豆子，咖啡因含量低，因为深烘的豆子水分流失严重，导致咖啡因降低，这没有错。但是你别忘了，在咖啡因减少的同时，咖啡豆的自身重量也在减少。其结果就是，冲一杯相同容量的咖啡，在数量上所需的深烘豆子要比浅烘的豆子多，但在重量上两者是相当的，所以两者所含的咖啡因也一样。

所以，无论深烘还是浅烘，咖啡因的含有率是不变的。

So...

有多少人知道阿拉比卡豆和罗布斯塔豆咖啡因的含量是不同的？

没错，就像它们的个头一样，罗布斯塔看起来更壮一些，咖啡因的含量也比阿拉比卡多，当然这不完全是豆子大小的问题，品种不同，咖啡因的含量也不同。

什么是低因咖啡？

有的人喜爱咖啡是爱它的一切，而有些人喜爱咖啡却只喜欢它的风味，于是聪明的人类就做出了低因咖啡（decaf）。普通咖啡的咖啡因含量为 1%~5%，低因咖啡的咖啡因含量则低于 0.3%，也就是说一杯低因咖啡内咖啡因不得超过 5 毫克。

现在去除咖啡因的手段主要有两种：水处理和二氧化碳处理。

水处理，就像是给咖啡豆做了一次"水疗"。它是将咖啡生豆先用较高温度的水浸泡一段时间后，再用活性炭来吸附咖啡因。这种方法制作出的低因咖啡豆在风味上的减损是很低的，因此是最常用的一种低因处理法。二氧化碳处理，就是通过对压力和温度的调整，使二氧化碳达到气液两种特质的超临界状态，从而高效地将咖啡去除。但由于这种处理方式成本太高，所以普及率不高。

" 天哪！你说低因咖啡？你指的是那个褐色的水吗？ "

低因咖啡

关于低因咖啡是不是咖啡的问题，成了咖啡界的一场永无休止的辩论！

PART TWO

咖啡应该怎么喝？

"怎么喝？就那么喝呗!

难不成你要躺着喝,你要飞起来喝呀?"

是呀, Olly 也是"咖啡就要随性喝"的推崇者啊! 可是, 既然有人立了规矩, 我们还是有必要了解一下, 免得到了那些历史悠久且讲究礼仪的餐馆或咖啡厅时会出糗。来来来, 就跟着我左手右手一个慢动作!

给客人端咖啡的时候, 应配有汤匙和砂糖包或奶精包, 且汤匙要放在客人一侧, 汤匙柄朝向客人的右边。

如需放入砂糖, 要把砂糖撒在咖啡的中心区域, 切忌这儿撒一点, 那儿撒一点。

更切忌一边撒糖, 一边拿汤匙搅拌!

搅拌的时候, 汤匙尽量不要触碰咖啡杯壁, 以免发出声响, 也为了保护咖啡杯。

切忌把搅拌完的汤匙留在咖啡杯里!

而是放在咖啡杯盘的另一侧, 这样才不会让人觉得失礼。

喝咖啡将杯子拿起来时, 切忌将手指穿过杯耳!

而是像这样, 用拇指和食指轻轻捏住杯耳将咖啡杯拿起来就好。

咖啡礼仪更多的是代表一种礼貌, 一种友好的态度, 也是在公共场合一种约定俗成的规矩。

其实, 在没有特定场合的情况下, 咖啡就是要没有拘束地喝! 随性大胆地喝!

黑咖白咖谁是好咖?

"黑咖白咖谁是好咖?

单品总说花式你个奇葩!"

◆ 黑咖啡是啥？白咖啡是什么鬼？◆

"黑咖才是好咖，
白咖最多是个奶咖！"

关于是喝黑咖啡还是白咖啡更彰显品位的争论总是喋喋不休。其实，有关黑咖啡和白咖啡的这种说法也是流传在民间，每个地方也都各不相同，所以它并没有什么标准的答案。

一般说黑咖啡，是指除意式咖啡以外的不加糖不加奶的冲泡滴滤型咖啡，因为你不可能把浓缩咖啡叫作黑咖啡，又不能把拿铁、卡布奇诺这些叫成白咖啡，而美式咖啡是被归为黑咖啡里的。

那我们所说的白咖啡，其实就是在黑咖啡里加入糖、牛奶或是奶精的咖啡，这其实是日本人的说法。

还有一种白咖啡，是特指马来西亚的白咖啡。将加入蔗糖的三种混合豆子通过低温烘焙磨成粉后冲泡饮用，低脂肪、低咖啡因，并加上无脂奶粉调味，将咖啡的苦味、酸涩味降至最低，所以这种白咖啡与其说是咖啡，其实更像是一种咖啡饮料。

★ 单品花式有何不同？ ★

"单品，你得细细品！
花式，你就当饮料喝！"

单品咖啡，是指用原产地出产的单一品种的咖啡豆磨制，且采用冲泡、过滤等萃取形式制作的纯正咖啡。饮用时不加糖不加奶，品味每个产地不同的咖啡风味。

单品咖啡原产地多集中在非洲、拉丁美洲以及东南亚这些地区。例如非洲埃塞俄比亚的耶加雪菲、肯尼亚的肯尼亚 AA，拉丁美洲牙买加的蓝山、巴拿马的瑰夏、哥伦比亚的娜玲珑，以及东南亚印度尼西亚的曼特宁等，都是我们所熟知的单品咖啡代表。

至于花式咖啡，好多人会把它与意式咖啡搞混，以为像拿铁、卡布奇诺这样的都是花式咖啡，其实不然。花式咖啡，与其说是咖啡，不如说是一种咖啡特饮，就是加入了调味品以及其他饮品的咖啡，比如：牛奶、巧克力酱、酒、茶、奶油等。

比较有名的像爱尔兰咖啡，会在咖啡中放入威士忌和鲜奶油。

还有维也纳咖啡，以浓浓的鲜奶油和巧克力再搭配五彩缤纷的七彩米饮用，别有风味。

有一句话说得好：

"无论黑咖还是白咖，只要你自己喜欢就是好咖；管它单品还是花式，喝得开心那才是最重要的事！"

所以，不要计较喝什么才好，你自己喝得开心那才叫好！

什么是 Barista？

" Barista，Barista，

什么叫 Barista？"

快叫我 Barista!

你肯定在很多场合听过这个词, 或者也有一些人知道这是咖啡师的意思。其实 Barista 并不只有咖啡师的意思, 它源于意大利语, 意在称赞一杯咖啡。在欧洲的很多咖啡馆, 你经常能够听到客人说"Emm...Barista！"其实是在称赞这杯咖啡真好喝! 约从1990年开始, 英文采用 Barista 这个词来称呼制作浓缩咖啡相关饮品的专家, 也就是我们常说的咖啡师。

WBC 是什么?

"啥? WC ? "

"WBC?

有没有搞错, 那不是拳击组织吗? "

没错, WBC 确实是世界拳击理事会 (World Boxing Council) 的缩写, 但也是世界百瑞斯塔大赛 (World Barista Championship) 的英文缩写, 也就是我们所说的世界咖啡师大赛!

当然你也可以把它看作是一场世界咖啡师之间的"拳王争霸战"!

每一年的 WBC, 超过 50 个国家的冠军代表, 将在 15 分钟内, 以严格的标准做出 4 杯意式浓缩咖啡, 4 杯卡布奇诺和 4 种特色饮品。之后, 来自世界各地的咖啡协会 (WCE) 评委将对每个作品的口感、洁净度、创造力、技能和整体表现做出评判以及打分。从第一轮比赛中胜出的 12 名选手将晋级半决赛, 半决赛胜出的 6 名选手将晋级决赛, 决赛胜出者将成为年度世界百瑞斯塔大赛冠军!

说到这儿，你是不是都想成为一位咖啡师，然后让人尊称 Barista 了呢？

Olly 告诉你，好的 Barista 不仅需要技术高超，而且还得有范儿，关键是得有气质！

Chapter FIVE
Coffee

Olly
的咖啡帖

Story of Coffee

OWL CAFÉ

★ Keep Calm and Drink Coffee ★

PART ONE

Olly 的咖啡帖

〈第一帖〉

手冲咖啡

— Hand-Drip Coffee —

俗话说"一杯最好喝的咖啡，来自你亲手冲泡的那一杯！"一点都不假，因为只有你自己了解自己的口味，自己冲的咖啡绝对是独一无二的。那就让我们动手做一杯手冲杯咖啡（Hand Drip Coffee）吧。

首先，你需要一套手冲咖啡的器具，我们就以日本品牌 Hario V60 的这套器具作为这次的冲泡工具吧，当然还有像 Melitta、Kalita、Kono 等其他一些品牌可作为参考选择，在这里就不一一列举了。

HARIO V60

云壶

V60树脂滤杯

1.0L 手冲壶

V60原色滤纸

手摇磨豆机

称 豆

首先,根据你的咖啡杯容量,称取咖啡豆。

然后根据个人的口味(浓淡),调整称取咖啡豆的重量。下面列举一些常用的咖啡杯及咖啡的用量比例。

可当 Olly 遇见鱼眼儿家的一斤二两马克杯时,顿时有点不知道怎么办才好了,连豆豆们都冒汗了⋯⋯

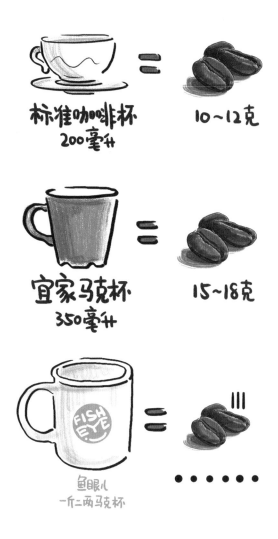

标准咖啡杯
200毫升
= 10~12克

宜家马克杯
350毫升
= 15~18克

鱼眼儿
一斤二两马克杯
=

磨 豆

接下来，就到了锻炼身体的时候了，研磨！如果你是早上刚起来喝咖啡，这绝对是清早锻炼身体的好方法！

在这里，我们需要的是中度研磨。

粗度研磨   中度研磨   细度研磨

✕   ✓   ✕

当然，如果你需要的是 3 杯、4 杯或者更多咖啡豆的量，可能会出现这种状况……

92℃ 热水

下面将 92 摄氏度的热水倒入手冲壶。

其实，把刚刚烧好的热水倒入手冲壶，然后稍稍等一会儿，就差不多是 92 摄氏度了。我们可以利用这个等待的时间把咖啡滤纸弄好，回来水的温度就刚刚好了。

折一下　　　按平整

折滤纸

非常简单,把滤纸铺平,然后顺着滤纸折线折一下就 OK 了。

顺时针

这时候,手冲壶里的水也差不多是 92 摄氏度了。接着把滤纸放到滤杯里,然后用热水润湿滤纸,这么做是让其黏贴在滤杯里,又起到温壶和温杯的作用。

将润湿滤纸和滤壶的热水倒入咖啡杯中,进行温杯。

加 粉

随后将磨好的中度研磨程度的咖啡粉倒入滤杯中，然后轻搅几下让咖啡粉均匀地平铺在滤杯中。

接下来我们来做一件特别好玩的事儿，用手指在平铺咖啡粉表面上戳个小洞。(后面会跟大家解释为什么……)

当然如果你想这么干，也没人管你！！！

是不是戳中了好多人的内心！哎……

注 水

接着我们开始往"洞里"注水，之所以戳一个洞，其实是给水流让出一条"跑道"来，让水更加充分地和咖啡粉接触，我把它称为"咖啡跑道"。

冲咖啡就像谈恋爱一样，我们讲究的是"细水长流"，任何时候都急不来。注水也是一样，要用小水流以"の"字形的方式，由中心向外一边画圆一边注入热水将咖啡粉浇满，完成第一次注水。

记住，第一次注水不宜太满，刚刚把咖啡粉浇满就好了。然后，咖啡粉表面会膨胀，形成像海绵一样的包，我们称之为"咖啡山"。

这就到了考验咖啡豆的时候了，因为咖啡豆越新鲜形成的"咖啡山"就越高。(也不绝对，还要根据咖啡豆的具体品种和烘焙程度而定，烘焙得越深，形成的"咖啡山"越高。)

这个过程我们叫作"闷蒸"，让水和咖啡粉充分接触 30~40 秒。待"咖啡山"退去之后，我们开始进行第二次注水。

第二注依然采取"の"字形方式，由中心向外一边画圆一边注入热水，也依旧是"细水长流"的方式，水量到达整个滤杯的六到七成就可以了，这里指的是标准咖啡杯，一杯也就是 200 毫升的水量，如果你是 350 毫升宜家马克杯那种的话，差不多水量到达整个滤杯的七至八成即可，整个过程的时间大概是 3~4 分钟。

"咖啡跑道"

"咖啡山"

"闷蒸"
30-40秒

第二注

但如果你是两杯 200 毫升或是两杯 350 毫升的用量，你就需要进行第三次注水，方法和第二次注水一样，水量到达几成也和第二次一样，这样所用的时间也就越长，以此类推。

大约 3 分钟后，移开滤杯，倒掉咖啡杯中用于温杯的热水，然后轻微摇晃咖啡壶，让刚刚滴滤好的咖啡充分融合在一起，随后将咖啡倒入咖啡杯。就这样，属于你独一无二的咖啡就冲好了！

你学会了吗？

之前说过，"French Press"虽然叫法压壶，可最早却是意大利人发明的，而最早开始普及法压壶的才是法国人。

看来意大利人除了打仗不行之外，对其他事情特别是对咖啡这件事儿还是很行的，不得不给他们点个赞，因为他们真的发明了好多咖啡器具。用法压壶做出来的咖啡跟手冲咖啡最大的不同就是，它能够保留咖啡豆中原本具有的一部分油脂。

它能够把咖啡的风味最大程度地发挥出来，从而让原本的咖啡更加香浓，相应地，难喝的咖啡也会更难喝。

下面，Olly 就来教教大家怎么用法压壶吧！

首先，你当然需要一个法压壶，同样我们选择一个品牌作为示范，那就是 Bodum，当然你也可以选择别的品牌例如 Hario、Bialetti、Impress、Tiamo 等。

接着，你需要磨豆机、适量的咖啡豆、咖啡匙、热水壶和咖啡杯。

温 杯

把烧开的热水倒入法压壶及咖啡杯中进行温壶、温杯，这几乎是所有咖啡制作手法的第一步，看似平常却又重要的一步，这能让你的咖啡更加美味。

磨 豆

利用温杯的时间，我们把豆子磨了吧！这里需要注意的是，我们需要的是中粗度研磨的咖啡粉，因为法压壶的铁质滤网不像滤纸滴滤那样过滤得细，所以如果咖啡豆研磨过细的话，咖啡粉会从滤网中透出来，从而影响口感。

中粗度研磨

和我们介绍手冲咖啡时用的剂量差不太多，这里特别需要注意的是，因为法压壶制作的咖啡，水需要咖啡长时间浸泡咖啡粉，所以相同剂量的咖啡粉做出来的咖啡粉，法压壶做出来的咖啡会比滤纸滴滤的浓。

正因如此，按照自己的口味适量增减咖啡粉的剂量也是可以的哦。

加 粉

接下来，用咖啡匙将咖啡粉倒入法压壶里。

我们之所以要用咖啡匙或茶匙倒咖啡粉，就是要尽量保证让咖啡粉垂直坠入法压壶底部并铺满，防止咖啡粉挂在壶壁上影响咖啡的萃取以及口感。

咖啡粉与水的剂量比

10克 ＋ 200毫升 ＝ 1杯（200毫升）

15克 ＋ 350毫升 ＝ 1马克杯（350毫升）

First fill UP halfway

注 水

之后，我们进行第一次注水，第一次我们只注入一半的水。在这里之所以选用这种宽口的水壶而没有选用细嘴的咖啡壶，是因为这种壶所出的宽大水流能瞬间激发出大量的咖啡泡沫和油脂，从而提升咖啡的口感。当然又到了考验咖啡豆的时候了，咖啡豆越新鲜所冲出的泡沫和油脂越多哦。

等待 1 分钟……让咖啡粉与水充分交融！

Second fill UP full

1分钟后，我们进行第二次注水，这次将水注满。这时候可以把法压壶的盖子盖上了，需要注意的是一定要确保滤壶盖子上的滤杆是提起来的状态，之后再盖好盖子。

提起

闷蒸
3分钟

盖好盖子后，闷蒸 3 分钟。

Super Plank

3 minutes

3 分钟,你可以像我一样做个平板支撑啥的,注意姿势要正确哈,一定要像我一样"标准"!

萃 取

3 分钟后,萃取咖啡,将过滤杆缓缓压至底部。

(注意:切记不宜压得过快或过猛,要始终保持滤杆是垂直往下压的,否则可能会导致滤网倾斜,使得滤网下的咖啡粉从空隙中溢出,影响口感。)

Press

如果用力不匀,可能导致滤杆倾斜

装 杯

这样,一杯法式滤压壶咖啡就做好了!整个过程大概需要 4 分钟。

说到爱乐压（Aero Press），Olly 刚开始其实是很排斥这个家伙的，总觉得这家伙的长相太奇怪，像个宇宙飞船，太具科技感了，很难想象和咖啡会有什么联系。后来用过之后吧，客观地说，爱乐压还是有它的好处的。

下面 Olly 就用爱乐压给大家压一杯咖啡吧。

So you ready?
Let's go !

喷射器

③

2号舱

②

1号舱

①

对接完毕

对接完毕

首先把你的"飞船"调整成"起飞"模式，把你拼乐高的那股劲头拿出来，智商不够的请拿出说明书吧……

然后我们需要 14~20 克中度研磨的咖啡粉（咖啡粉太细的话会使得其空气压力变大，从而很难按压），也可根据个人口味适当增减。

接着我们给"飞船"加足"燃料"！（倒入 14~20 克的咖啡粉。）

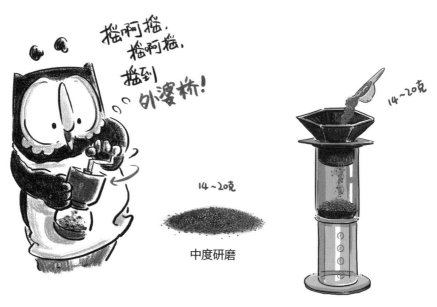

摇啊摇，摇啊摇，摇到外婆桥！

14~20克

14~20克

中度研磨

92 摄氏度

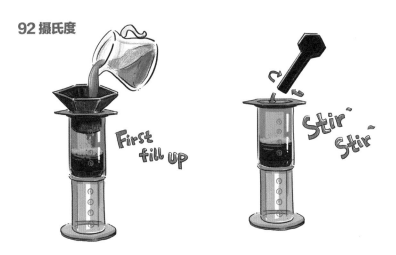

First fill UP

Stir~ Stir~

第一次注水，水加到刚刚没过咖啡粉即可。
然后我们拿起"船桨"开始搅拌，这个过程在美国叫 Stir~Stir~

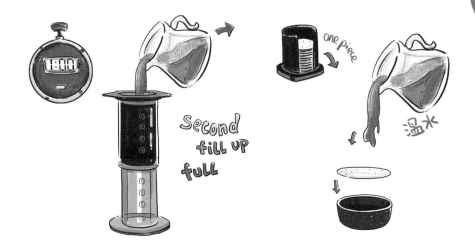

Second fill UP full

one piece

温水

第二次注水我们将水注满，然后闷蒸 1 分钟。
　利用闷蒸的时间，我们在滤纸盒里取出一片滤纸，将其放在滤网盖
上，并用温水润湿。

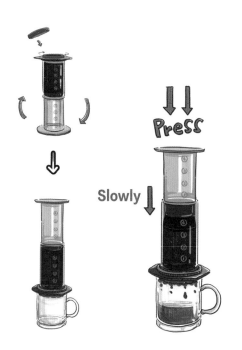

接着，"关闭机舱阀门"，盖上滤网盖并拧紧，然后将"飞船"倒转并用咖啡杯接住。

就像左图这样，准备就绪后，我们就要"发射"了!

将压杆慢慢压到底，把咖啡完全挤压出来。向下按压的时候，一定要慢慢用力，切忌用力过猛，且要保持与桌面垂直，以免导致漏气漏压，你也不想"飞船"飞到一半掉下来吧。整个下压过程不过 20 秒，尽量一次性完成。

注意: 按压的时候，建议你一手扶好杯子，另一手缓缓向下按压杆。我知道您劲儿大，但也没必要这个时候展现，更别和爱乐压较劲，不然……别告诉我没提醒你!

Duang~

飞船升天后当然会卸下"助推器"结束萃取后,拧开底部的滤网盖,将咖啡渣及杂质清除,这个过程最 high 了!

瞬间很想打一仗,有没有?

大哥~
你能瞄下准吗!

完成萃取后,你得到一杯浓缩咖啡,其实只是美国人管用爱乐压做出来的咖啡浓液叫浓缩咖啡,实际上它和意式浓缩咖啡还是差别蛮大的。

Olly 还是喜欢叫它咖啡浓液。

呃……还是聊正事儿吧!

得到咖啡浓液后,你可以直接饮用,也可以根据个人喜好加入热水或牛奶。

但 Olly 建议你直接饮用咖啡浓液,那样你会感受到用爱乐压做出来的咖啡的特色所在,那就是丰富的油脂以及咖啡粉和气压形成的咖啡泡泡!

摩卡壶（Moka Pot）是 Olly 特别喜欢的一款咖啡器具，外形复古又具有情调，用它煮出来的浓缩咖啡富含金黄色油脂，那味道真的是让人难以释怀!

之前说过，摩卡壶最有名的品牌当属 Bialetti，也是最早发明摩卡壶的品牌。

Olly 就以 Bialetti 为例，教教大家怎么用摩卡壶吧。

首先，我们先来了解一下摩卡壶的结构及原理。

简单地说，基本原理就是利用加压的热水回流，快速通过咖啡粉从而将咖啡液体萃取出来。

摩卡壶分为上下两部分（图中 A 和 C），B 是填充咖啡粉的滤器。向 C 注入清水，把 B 中填满咖啡粉并压平，接着将 B 插入 C 中，然后将 A 拧到 B 上，接着打开煤气灶阀门开火，C 中的水由于受到高温从而产生压力，将沸腾的水推向 B，热水带着压力快速通过 B 中的咖啡粉，从而

espresso 浓缩咖啡 Ⓐ

Coffee 咖啡粉 Ⓑ

Water 水

Fire 火 Ⓒ

MOKA Pot

萃取出浓厚的咖啡液在 A 中，这就是摩卡壶的基本原理。

明白了基本原理后，下面 Olly 就跟大家详细的介绍每一步的细节和注意事项。

首先，向下壶（C）注入清水，家庭纯净水为好，注意水不要超过安全阀，否则加热后热水会带着水蒸气喷出，造成危险。然后以每一杯 30 毫升（solo shot）或 60 毫升（double shot）计算，测出你所需要的水量，水不宜过多也不要太少，谁也不愿意煮大半天就煮一杯浓缩咖啡，一般都是 double 的 4 人份或 6 人份，也就是 240 毫升或是 360 毫升。

安全阀

下壶 Ⓒ

Ⓑ 粉槽过滤器

下壶 Ⓒ

然后，将粉槽过滤器（B）插入下壶（C）中，倒入咖啡粉，咖啡粉的分量也是根据制作的多少适当加减，一般都是 7~10 克一杯，也可根据个人口味的轻重调整，填完粉后注意清理残留壶边的咖啡粉，以免影响后面的萃取。

Hey boy, Hey girl. Here we go !!!

补充一句, 我们这里需要的是细度研磨的咖啡粉, 也可以比半自动意式咖啡机所需要的咖啡粉粗一点点。

细度研磨

接着, 我们将上壶(A)和下壶（C）拧合在一起, 注意检查上壶内的气阀是否完好无损, 避免后期加热时有隐患。

气阀

Ⓐ 上壶

下壶 ⓒ

将摩卡壶放在煤气灶, 或是电磁炉或是吃火锅用的黑晶炉上加热。加热速度要快才能产生足够的蒸汽来萃取咖啡, 所以 Olly 建议采用中到大火加热。如果家里的煤气灶灶口太大, 有一种煤气灶架, 把它放在煤气灶上就可以让摩卡壶适用于家里的厨房了。

煤气灶架

下面我们打开煤气灶开始加热, 火力开到中大火, 然后等个差不多3~4 分钟吧。

这个时间您可以温一下咖啡杯啊，打个奶泡啊，或是像 Olly 我这样"静静地"等……

呃……你确定你是在静静地等吗？

过一段时间后，当水流的温度和压力达到萃取所需条件时，你会听到摩卡壶发出快速的嘶嘶声，有点像高压锅的那个声音，这是蒸汽压力带着水流冲入粉槽 B 后流入上壶 A 的声音，一旦声音转为冒泡声就表示萃取完成，上壶 A 中已经装满了浓缩咖啡。

你可以凭经验听，也可以直接打开上盖看。如看见蒸汽孔已经停止冒蒸汽以及咖啡液体，就表示萃取过程已经完成，可以准备享用这杯手工的浓缩咖啡了。

记住，拿摩卡壶的时候要戴隔热手套或是隔热布，刚加热过的摩卡壶会非常烫！可别傻乎乎地直接用手去拿啊……

后果你懂的！！！

好啦～享受你的 Moka 时光吧！

PART FIVE

　　虹吸壶（Syphon）俗称"塞风壶"或"虹吸式"。关于这个东西的起源，也是众说纷纭，从德国、苏格兰到法国都有，总之是欧洲人，但Olly觉得最靠谱的说法还是英国人利用试管作为原型创造出第一个真空式咖啡壶，然后由法国人改良成现在的这个模样。

　　将虹吸壶煮咖啡发扬光大的却是日本人，这些和大城市生活节奏反着来，耗时耗精力，且需要持之以恒练习的技艺似乎总是和有耐心有毅力的日本人脱不开关系。

　　其实，不少人喜欢虹吸煮法是因为它带有一丝咖啡实验室味道的精确感。利用水加热后产生水蒸气，产成热胀冷缩原理，将下球体的热水推至上壶，待下壶冷却后再把上壶的水吸回来，整个萃取过程就像做咖啡实验一般！

下面，Olly 就带着大家搞一次"咖啡实验"。
首先，你需要准备下图中的东西。

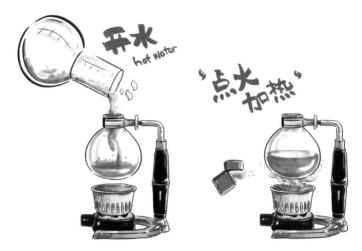

注　水

首先，向下壶倒入开水。倒入开水是为了后面加热时使水能够快速达到沸腾状态，从而节省时间。

点　火

然后我们将酒精灯点燃，对下壶的水进行加热。

组装上壶

利用加热的时间，我们可以把上壶的滤网装上。

首先将滤网用滤布或滤纸罩住，然后把滤网从上壶的上端放入，从直管的下方拉出，并钩住直管口。

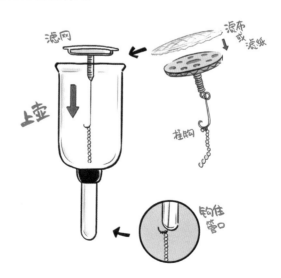

接着用手拉动直管下方露出的
挂钩，将滤网固定在上壶的中心处，
切记旁边不要露出缝隙，以免下壶的
沸水过快地流入上壶从而造成上壶
"开锅"，以及停止加热后温度降低，
导致上壶的咖啡渣从缝隙中流入下
壶。我们可以用搅拌棒轻轻向下敲打
滤网使其加固，并保持在中心位置。

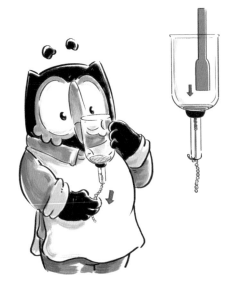

将上壶斜插入下壶，等待下壶的水沸腾，这么做的原因：一是给上壶
一个预热的过程，同时也避免上壶突然遇高温炸裂；二是如果猛然将上
壶垂直插入下壶的沸水中，会导致下壶的水向上喷。

一旦下壶的水开始慢慢冒泡且开始沸腾时，把上壶扶正，并固定住。

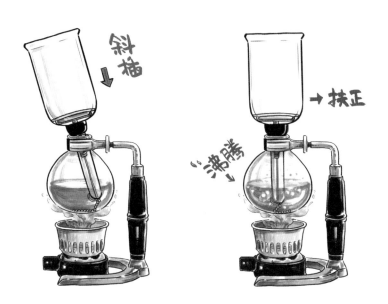

下 粉

这时下壶的水开始向上壶倒流，等到上壶的水位达到整体水量的 2/3 时，我们开始下咖啡粉，这么做的原因是让咖啡的萃取更均匀。

还有一种做法是先放咖啡粉，后插入加热的下壶进行萃取。两种方法其实都可以，但 Olly 觉得还是后放粉萃取得更均匀些，前者只是为了萃取后留下一个好看的"咖啡山"而已。

下粉

总分量2/3

未完全回流到上壶→

第一次搅拌

第二次搅拌

空

搅 拌

当下壶水完全倒流至上壶的时候我们开始第一次搅拌。这时我们需要注意的是切忌搅拌得过猛，那样的话咖啡会变得很涩，只要轻轻地搅拌几圈就可以了。

40 秒过后，我们进行第二次搅拌，还是切忌过猛。

停止加热

经过第二次搅拌后，我们移开酒精灯停止加热，随后盖上酒精灯的盖子。

盖上酒精灯

移开酒精灯

回 流

停止加热后，溶液温度下降，上壶萃取后的咖啡会通过滤网和直管慢慢回流至下壶，从而完成整个萃取过程。

移开上壶

待上壶的咖啡完全回流至下壶后，我们将上壶慢慢移开，拔出的时候一定要小心，可以先前后摇动上壶，使得胶皮阀周围的空气放出，这样便于我们拔出上壶。

装 杯

将下壶的咖啡倒入分享壶或咖啡杯中，这样，一杯虹吸咖啡就做好了！

这里需要补充的是，我们采取的这种后放咖啡粉的做法会比先放粉的萃取时间短，只需要 40 秒左右，而先放粉则需要 1 分钟左右。这是因为先放粉的话，下壶的水是慢慢升温将上壶的咖啡粉推上去的，是一种慢萃取，所以时间固然会慢些；而后放粉是在已经涌向上壶的沸水里加入咖啡粉，当粉接触到水的那一刻，萃取实际上是一瞬间的，所以时间会比较短，咖啡也比较纯净。

　　土耳其咖啡作为现代咖啡的起源，是最具有咖啡原始味道的，也保留了阿拉伯最原始的煮法。由刚开始的生豆煎来喝，到后来先炒豆再研磨煮来喝的演变，一切都是咖啡最纯正的味道。而土耳其壶（Ibrik），作为最早的咖啡具之一，也叱咤了近几个世纪。

　　下面Olly就教大家如何使用土耳其壶煮出一杯最纯正的土耳其咖啡。

搅拌棒

Turkish Coffee

煤气炉

水

豆蔻

土耳其壶

土耳其咖啡粉

茴香（八角）

首先，你需要准备以上工具：

土耳其壶，主要由铜制成，也有不锈钢的。

现成的土耳其咖啡粉，为什么推荐现成的咖啡粉呢？因为我们自己很难把咖啡豆磨得像面粉一般，也很难买到重烘焙的豆子。

豆蔻和茴香（八角），可根据个人口味加入，但纯正的土耳其咖啡是需要放这些的。

另外就是水、搅拌棒以及煤气炉这些。

由于传统的土耳其咖啡是将土耳其壶放在盛有沙盆的炭火上煮制，考虑到不利于家庭制作，所以用煤气炉或是酒精炉替换。

Turkish Style

首先，在土耳其壶中放入水和等量的土耳其咖啡粉（10 克粉 +120 毫升水 =1 人份），这里的水为常温或冷水，注意先放水再放粉。

然后，根据个人口味可适量加入白砂糖。之前讲过土耳其咖啡可分为三种口味：不加糖的又浓又苦的"sketos"，加入少量糖微甜的"metrios"，再有就是加入大量糖非常香甜的"glykos"。

如要加糖，请在加热前，在冷水的情况下，将白砂糖搅拌至溶化为止。

接着，还是根据个人口味放入豆蔻和茴香搅拌让香料充分散发。当然，如果你接受不了豆蔻茴香的味道，就不要放了。

（说实话，Olly 刚开始也不太能接受那股"酸爽"！）

随后，将土耳其壶放到煤气炉上，用中小火加热烹煮。

离 火

经过一段时间后，壶中的咖啡开始咕嘟咕嘟将要沸腾的时候，将土耳其壶从煤气炉上拿下来，这时可以看见 Kaimaki 的泡沫慢慢往上冒。

等待泡沫沉下去后，再次把壶放在煤气炉上加热，如果壶中的咖啡再次沸腾冒泡时就再拿下来，这样的动作重复三次。

重复三次后，把土耳其壶拿下来，等咖啡沉淀后，就可以倒杯了。

倒杯的时候土耳其壶里面会留下部分残渣，留在壶里就好了。

这样一杯浓稠的土耳其咖啡就煮好了！

最后，可别忘了土耳其咖啡的餐后小游戏呀！根据杯里的咖啡渣测测你最近的运势吧。

PART SEVEN

越南壶（Vietnamese Pot）俗称"滴滴金"，可不是什么清凉油之类的啊！更打不着车，也理不了财！它是一种通过法式滴滤改良的咖啡萃取工具。

下面 Olly 就带大家用"滴滴金"煮一杯咖啡吧。

首先,你需要准备这些东西。

越南壶"滴滴金"、炼乳和深度烘焙的越南咖啡豆。之所以推荐越南咖啡豆,是因为越南人在烘焙豆子时会放入黄油或者植物油调味,咖啡油脂非常高,口味也更纯正。

如果实在没有越南咖啡豆,也可以用深度烘焙的豆子代替,可烘焙等级起码要达到"法式烘焙"的等级。Olly 推荐大家用深度烘焙的意式拼配豆替代,因为它同样具有相对高的油脂。

开始之前,让我们先来了解一下"滴滴金"的构造吧。

拧开粉槽盖

第一步，打开壶盖，拧开壶上座中间的螺丝，取下粉槽盖。

接着，倒入适量的咖啡粉，一般15克咖啡粉对应240毫升水，可根据需要调整。

中粗度研磨

这里特别强调的是，因为受"滴滴金"过滤网眼的限制，咖啡粉不宜磨得过细，否则会透过滤网流到杯子里。

所以我们这里需要的是中粗度研磨的咖啡粉！

接下来，盖上粉槽并拧紧。

这里需要注意的是，盖子的松紧决定了滴滤所需时间的多少，也就决定了这杯咖啡的浓度。

通常的滴滤时间为3~5分钟，是松紧程度刚刚好的情况下；而粉槽被拧死的情况下，滴滤时间大概为10分钟，咖啡的浓度也相对更浓，更苦。

盖上粉槽

拧紧粉槽

加入炼乳是越南咖啡的特色,由于豆子烘得比较深,苦味略重,需要用炼乳的甜味来冲淡咖啡的苦味。

将安装好的"滴滴金"放置在咖啡杯之上,并注入 92 摄氏度左右水温的热水。

(15 克咖啡粉 + 240 毫升水)

盖上盖子,等待一会儿,整个萃取过程大概 3~5 分钟。

这时,你会看见咖啡就这样一滴一滴地从壶下方的滤网中流出来,这就是为什么人们都管它叫"滴滴金"!

"打瞌睡相思~ DiDaDi~ DiDaDi~ DiDaDi;DaDi;DaDi~ DiDaDi·····"

三五分钟时间, 你可以跟着这"Di~Da~Di"的节奏去跳个操啥的哈!

　　跳回来, 一杯香甜的越南咖啡正在等着你哦! 移开"滴滴金", 用汤匙搅拌一下, 让炼乳充分融合, 请享用吧!

"没有最好喝的咖啡，只有最适合你的那一杯！"

没错，天底下哪有什么最好喝的咖啡，再名贵的咖啡如果你不喜欢的话，那对于你来说也不能算好喝。所以不管专家怎么说，咖啡控们怎么推荐，其实都不重要，自己喝得开心就好，自己喝得津津有味才重要。

很高兴能将自己钟爱的咖啡用自己擅长的方式展现出来，最终组织成一本好玩的咖啡书。而对于我来说，这个创作的过程其实也是自己深入了解、学习咖啡的一个过程，也是自己从一个咖啡"小白"变成一个咖啡爱好者的过程，从而更增添了一份让更多不了解咖啡的人爱上咖啡的使命，对此我深感荣幸。而现在，我发现我越来越喜欢咖啡了，越来越离不开它了，我已被咖啡之神勾了魂，正如《咖啡颂》中所说："啊，咖啡啊！是你赶走了我的一切烦恼，你是思考者梦寐以求的饮品。"

最后，我还想重申一下我做这本书的立场和初衷：

这不是一本严肃的咖啡哲学，而是一本有趣、有料的咖啡书。或许也是最好玩的一本咖啡书了。

图书在版编目（CIP）数据

猫头鹰的咖啡馆 / 佐拉著 . -- 北京 : 中信出版社 ，
2016.10

ISBN 978-7-5086-6451-4

Ⅰ.①猫… Ⅱ.①佐… Ⅲ.①咖啡－文化－通俗读物
Ⅳ.① TS971.23-49

中国版本图书馆 CIP 数据核字 (2016) 第 162086 号

猫头鹰的咖啡馆

作　　者：佐　拉
策划推广：中信出版社（China CITIC Press）
出版发行：中信出版集团股份有限公司
　　　　　（北京市朝阳区惠新东街甲 4 号富盛大厦 2 座 邮编 100029）
　　　　　（CITIC Publishing Group）
承 印 者：北京盛通印刷股份有限公司

开　　本：880mm×1230mm 1/32　　印　张：6.75　字　数：46 千字
版　　次：2016 年 10 月第 1 版　　印　次：2016 年 10 月第 1 次印刷
广告经营许可证：京朝工商广字第 8087 号
书　　号：ISBN 978-7-5086-6451-4
定　　价：39.00 元

让创意 发生

创意设计

为设计 发声

ZCOOL 站酷
www.zcool.com.cn